AF310408

LES
CENT-ET-UN
COIFFEURS
DE TOUS LES PAYS,

Ouvrage spécial

Fondé par Georges Kraffter,
DE COIFFEUR,

AUTEUR DE LA MÉTHODE,
FONDATEUR DE L'ACADÉMIE DE COIFFURE,
BREVETÉ DU GOUVERNEMENT

DÉDIÉ A S. A. R.
ANNA DE JESUS MARIA,
INFANTE DE PORTUGAL.

CINQUIÈME ET DERNIER VOLUME.

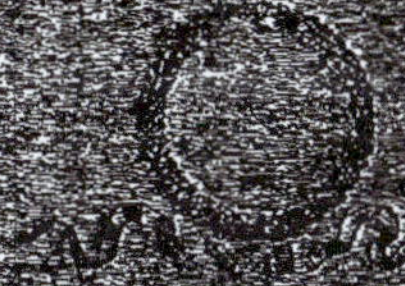

ON SOUSCRIT A PARIS,
CHEZ L'ÉDITEUR, RUE DE L'ODÉON, N. 35,
ET CHEZ LES LIBRAIRES DE TOUS LES PAYS.

1841.

On trouve chez le même éditeur L'ART DE COIFFER, en 30 leçons,
un volume in-8° orné de planches, prix 6 fr.

LES
CENT-UN COIFFEURS

DE TOUS LES PAYS.

BIBLIOTHÈQUE ROYALE

LES
CENT-UN
COIFFEURS
DE TOUS LES PAYS,

Ouvrage spécial,

Fondé par Croisat, Professeur
DE COIFFURE.

CINQUIÈME ANNÉE.

DERNIER VOLUME.

DESCRIPTION DES COIFFURES
DE LA 48e LIVRAISON.

N. 1. Coiffure composée d'une Tresse-Réseau, par **CROISAT.**

La tresse de la coiffure dont il s'agit est faite exactement dans le principe décrit dans la description des tresses; nous ne parlerons donc que de la pose, chose qui exige une certaine habitude, surtout par rapport au devant. Les cheveux noués au bas de la fossette, et la tresse faite de toute la masse, pour la poser, il suffit de la relever, de la coucher sur la tête, de poser une fourchette sur la tresse large, de rouler le bout de ladite tresse en forme de crochet, et de fixer ce crochet sur la denture du peigne, au moyen d'une épingle; ceci sert de base à la coiffure, car, pour la terminer il suffit de ramener les petites tresses sur les tempes et de les enlacer avec celles formées avec les cheveux des bandeaux. Cette coiffure s'adresse aux femmes ayant stature élevée et visage un peu long.

Nous ferons observer que les petites tresses ramenées de derrière sur les tempes et tressées ensemble avec les cheveux des bandeaux, cela forme une coiffure qui offre beaucoup de solidité.

(7) Le dernier volume est sous presse et pourra être mis en vente, au 20 janvier 1841, prix : 12 fr.
La Collection des 5 volumes avec le portrait du fondateur Croisat, prix : 40 fr.

N. 2, par le même.

Le chou de cette coiffure se compose aussi d'une tresse-réseau, mais la pose de la tresse n'étant pas la même, le derrière de la tête, au lieu de représenter un casque, n'offre tout simplement que l'aspect d'une bourse en filet. Pour l'exécuter, il faut, d'abord nouer les cheveux au milieu de la tête, faire ensuite une tresse selon l'art, et puis la rabattre sur les épaules et replier les bouts de nattes en dessous, pour venir les employer au pied du chou. Dans cette coiffure, des bandeaux bombés ornent le visage, et une branche de noisettier flotte sur le côté de la tête.

N. 3, par **OLIVIER**, rue du faubourg Saint-Honoré.

Cette coiffure composée d'un enlacement de tresses et d'une corde à puits passant sur la tête, ne représente rien d'extrêmement nouveau; cependant elle renferme une nouveauté, et une nouveauté faite pour charmer les dames paresseuses. Ce sont des anglaises montées sur ressort, ainsi que nous en avons offert le modèle, planche aux métalliques, 47ᵉ livraison, n° 8. Ces anglaises qui, comme on le voit, dispensent de mettre des papillottes, peuvent au besoin recevoir les fleurs qui ornent le côté de la tête, chose fort agréable pour les dames sensibles des cheveux.

N. 4, par M. **BRUN** de Grenoble.

Séparez d'abord la cheveure, faites vos bandeaux; avec les pointes des cheveux, faites une tresse en 5 derrière chaque oreille, qui vous donneront deux anneaux flottants sur le cou et avec les cheveux de derrière, former une torsade que vous entourez de perles, puis traverser ladite torsade avec une Lombardo-vénitienne, (épingle à deux têtes.)
Pour mettre le fini à cette coiffure, posez un fil de perles sur le front, et que les bouts de ce fil de perles aillent serpenter sur les tresses de derrière.

N. 5, par **SÉGUY**, rue des Gravilliers, 47.

Avec des cheveux de 20 pouces on fait le rouleau de ma coiffure qui a au moins 30 pouces de longueur, et voici le secret : on sépare la chevelure en deux parties, et avec une petite mêche, on masque l'endroit de la séparation l'entourant de cheveux, comme on entoure un rouleau ordinaire. Après cela on prend la masse de gauche, on l'entoure de perles, et puis on en fait le côté droit de la coiffure, en la dirigeant par dessous le cordon. L'autre côté est fait dans le même principe, et une épingle à tête traverse le tout.

N. 6, par **LAURANT** d'Avignon, membre de l'Académie de Coiffure.

Vous, enfants qui portez des colerettes, vous devez avoir toujours les cheveux un peu courts par derrière, parce qu'ainsi la coiffure se dérange moins. Ce n'est pas que je veuille priver vos jolis petis visages de l'agrément des boucles de cheveux, non, car je trouve charmants ces cheveux que le souffle du vent dérange comme pour attester qu'aux lutins il ne faut rien de symétri, que. Je vous accorde donc les faces longues, mais de grâce, mes petits anges-

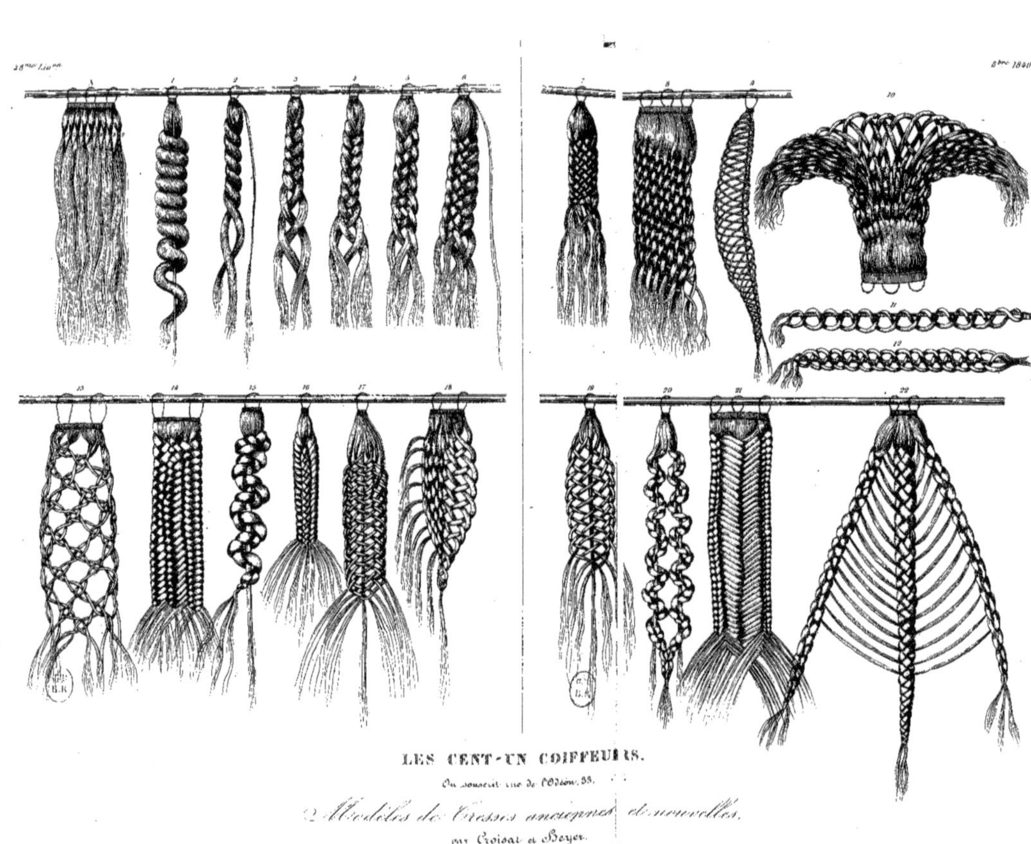

LES CENT-UN COIFFEURS.

On souscrit rue de l'Odéon, 33.

2 Modèles de Tresses anciennes et nouvelles.

par Croisat et Beyer.

que le derrière de tête soit un peu court, même malgré l'hiver, car un col
bien plissé fait une triste figure sous un ébouriffage de cheveux.

N. 7, Coupe de cheveux, par **GOUPY** de Grenoble.

Allons, Messieurs de la fashion, vous voilà tous sans papillottes, vous
voilà presque revenus à la Titus. Oh Romain! de ce nom! tu n'es pas encore
mort pour la coiffure, et ton plus beau triomphe, peut-être, t'est réservé
pour l'année 1841.

DESCRIPTION DE LA PLANCHE AUX TRESSES.

L'art de tresser les cheveux a reçu depuis quelques années un si grand développement qu'il est peu de personnes en état de retenir dans leur mémoire
la manière dont chaque tresse se compose : la majeure partie des coiffeurs ne
connaît guère que la corde à puits à deux branches, la tresse en trois, celle
en quatre, en cinq, sept et neuf branches ainsi que la petite natte en quatre
dite *Caducée*, ce ne sera donc pas sans intérêt que nos souscripteurs appren-
dront à connaître les nouvelles tresses françaises ainsi que celles que possèdent les Allemands. M. Heyer, coiffeur de l'Allemagne, ayant voulu concourir avec nous à la composition de cette planche, nous pouvons offrir
aujourd'hui vingt-deux modèles de tresses différentes; il nous serait bien facile d'en donner davantage, mais nous pensons que cela serait nuisible aux
coiffeurs qui veulent se livrer à ce genre d'étude, attendu que toutes ces des-
criptions jettent une certaine confusion dans l'esprit ; du reste nous offrons
dans cette livraison les modèles qui sont le plus en rapport avec les goûts du
sciècle et la mode d'aujourd'hui.

LETTRE A.

Cette figure représente une fausse-natte montée à plat et divisée en neuf
branches, chacune de ces branches est liée avec un bout de fil et porte son
numéro. Ces neuf mèches nous donnent donc les numéros 1,2,3,4,5,6,7,8,9,
je conseille à toutes les personnes qui veulent étudier l'art de tresser les cheveux, de disposer ainsi une chevelure, parce que c'est le meilleur moyen
pour ne pas s'embrouiller dans ce travail minutieux.

N. 1. Corde à puits à une branche.

Pour faire cette corde on lisse toute la chevelure que l'on consacre à cet
objet, on en détache une petite mèche et puis on fait une corde à puits de
ces deux mèches d'inégales grosseurs; arrivé à la pointe des cheveux, on
tend la plus petite, on pousse sur la grosse et la corde à puits se forme
comme par enchantement. Cette corde est celle qui emploie le plus de cheveux, nous la recommandons pour les personnes d'une stature grêle et qui
ont des cheveux longs et épais.

(Nota). Tout coiffeur qui connaît cette manière de corder, peut facilement
parvenir à faire des coques au cordon et sans épingles, car on n'a qu'à faire
sa corde un peu lâche et tourner la petite mèche autour de la ligature pour
obtenir un chou de coques mi-tordues.

Torsade en deux , dite Corde à puits. (Voyez fig. 2.)

Pour faire cette natte, on prend à la figure A deux mêches, le N° 1 avec la main gauche, et le n. 2 avec la droite; on tord chaque mêche séparément, et on les entrelace ensemble. Lorsqu'on a l'habitude de tresser de cette manière on n'a pas besoin de tordre les mêches à l'avance, car cela se fait, tout en les croisant l'une sur l'autre. Cette tresse est fort jolie toute simple, mais elle orne parfaitement une coiffure lorsqu'on l'entrelace avec des perles.

Si l'on veut rendre cette corde élastique, il faut avant de la faire, mettre de côté une petite mêche ainsi que cela est indiqué pour l'enlacer de deux en deux et repousser comme dans la précédente : C'est par le procédé de cette coulisse que je suis parvenu à faire le cul-de-lampe qu'on remarque fig. 3 de la 15ᵉ livraison et 2 de la 18ᵉ.

Tresse en trois. (Voyez fig. 3.)

Pour faire une tresse en trois, on prend trois branches, savoir: les n. 1, 2, et 3, on rabat le n. 3 sur le 2, le n. 1 sur le 3, et ainsi de suite.

Tresse Grecque. (Voyez fig. 4.)

La tresse grecque se compose des n. 1 ,2, 3, 4 et 5, on prend d'abord les n. 2, 3 et 4, et on fait la première maille de la tresse en trois, en commençant de la main droite; cela fait, on prend le n. 5 qu'on place au milieu de la tresse, ensuite on prend le n. 7, qu'on y porte aussi, et alors toutes les mêches ne forment plus que deux masses; on continue la tresse en prenant toujours les mêches sur les côtés, et en les portant au milieu.

La manière dont cette tresse a été commencée fait que les branches ne peuvent se mêler ensemble quoiqu'elles soient réunies par nombre de deux et trois dans chaque main; cette tresse est celle qu'on nomme à tort tresse circassienne, car elle fut inventée par les femmes grecques.

Tresse en quatre. (Voyez fig, 5.)

On passe le n. 4 par dessus le 3 et on le place sous le 2; le n. 1 passe sous le 4 qui est alors la mêche de traverse.

Le n. 3 devient par l'absence du 4 la branche qui doit agir : on la prend et on la fait traverser par le même principe.

Tresse en cinq. Voyez fig. 6.)

Rien n'est plus simple que le principe de la tresse à cinq branches : on passe le n. 5 pardessus le 4 et on le place sous le 3 ; on passe le n. 1 par dessus le n. 2, et on le conduit sous le n. 5 qui se trouve alors au milieu de la tresse. On voit qu'à mesure que le nombre des branches augmente, la manière de tresser varie; dans celle-ci, les traverses se rencontrent au milieu de la natte où elles se croisent; pour la continuer, c'est toujours la même chose, c'est-à-dire que la 5ᵉ mêche passe par dessus la 4ᵉ et va se placer sous la 3ᵐᵉ. Pour le côté gauche la 1ᵉ passe par dessus la 2ᵐᵉ et se porte sous la 3ᵐᵉ.

Quand on veut faire une coiffure en tresse, étroite par le bas, il faut, avant de commencer la tresse détacher de la masse une petite mèche pour la faire suivre en longeant le côté qui doit poser sur la tête.

Tresse en sept. (Voyez fig. 7.)

Cette tresse paraît extrèmement difficile par rapport au nombre de branches qui la composent, mais il suffit d'en connaître le principe pour la faire avec facilité. Les mèches des côtés, comme dans la tresse en cinq, passent en reprise et se rencontrent au milieu de la natte où elles se croisent; ainsi le n° 7 rabat sur le 6 et va en passent pardessous le 5 se placer sur le 4, le n° 1 passe pardessus le 2, ensuite sous le 3, et se pose sous le n° 7. On continue en allant chercher les mèches des côtés, et en les faisant passer tantôt dessus tantôt dessous, afin qu'elles se contrarient toujours.

On voit que dans cette tresse le point de rencontre des deux traverses est au milieu, comme dans celle à 5 branches.

Je crois inutile d'indiquer en détail la manière de faire les tresses en 9, 11 ou 15, parce que le principe est le même que pour cette dernière, c'est-à-dire que le nombre des mèches doit être impair, et que le point de rencontre est au milieu de la trame.

Tresse élastique. (Voyez fig. 8.)

La tresse élastique se fait de la même manière que celle n. 19 , seulement, au lieu de laisser retomber les bouts à gauche , on les natte à mesure qu'ils arrivent sur le côté , ainsi au premier tour on tient la mèche avec la main gauche et lorsque la seconde arrive, on la rabat dessus ou dessous, selon comme cela se trouve et ainsi de suite.

Tresse Diadême. (Voyez fig. 9.)

Cette tresse se fait exactement comme la précédente, seulement elle a moins de branches et l'on y fait filer une mèche au bord, ce qui la cintre et la rend légère en la repoussant.

Tresse-Gerbe.(Voyez fig. 10.)

Cette tresse est celle qui avantage le plus les cheveux; on peut, en l'employant pour une personne dont la chevelure n'est que de 60 cent. , faire une natte de 90 cent. ; sa forme est légère et élégante, et elle produit un très joli effet, posée sur le sommet de la tête. Pour l'exécuter, on prend une fausse natte, on fait trois mailles de la tresse élastique, et on a le soin de faire les mèches bien minces, pour qu'il s'en trouve au moins 24. Avant de commencer la quatrième maille, on partage les branches par la moitié, et on continue la tresse avec la partie de gauche : pendant ce temps, les mèches de droite restent suspendues. Lorsque la partie de gauche est tressée jusqu'au bout, on renverse la fausse natte, le dessus en dessous, et on finit de tresser la deuxième partie, cela fait; le tout représente une large natte qui se partage en deux. Pour lui donner la forme de la figure n. 3, on écarte les deux bouts nattés et on tire les brins un à un jusqu'à ce que la jonction soit parfaite. Dans cette tresse lorsque la monture est bien cachée, il est impossible qu'on devine le procédé employé pour lui donner une longueur aussi extraordinaire.

Tresse dentelle. (Voyez fig. 11.)

La dentelle se fait avec trois branches, on l'emploie ordinairement pour servir de bandeau, qu'on pose à plat sur le front. Voici la manière dont il faut s'y prendre.

Prenez les n. 1, 2 et 3 de la fig. 1, rabattez le n. 3 par dessus le n. 2, faites-le passer sous le 1 et revenir en même temps par dessus. Le n. 1 reste immobile, et il se trouve enveloppé par la mèche de traverse. Pour continuer, prenez la mèche de droite, rabattez-là sur celle à côté, ensuite, faites-la passer en dessous de la mèche immobile, puis revenez par dessus. La mèche immobile ne doit jamais quitter la main gauche. Lorsqu'on est arrivé au bout des cheveux, on attache les deux mèches ensemble, et, tenant la mèche immobile de la main gauche, on pousse les deux autres ; il se forme alors des anneaux qui imitent le bord d'une dentelle.

Petite natte à jour. (Voyez fig. 12.)

Celle-ci se compose de quatre branches, il y en a trois qui s'entrelacent, et une qui traverse les anneaux en longeant la tresse ; pour l'étudier, il faut natter la mèche immobile, afin de bien la distinguer parmi les autres.

Prenez les n, 1, 2, 3 et 4 de la fig. n. 1, nattez le n. 2, parce qu'il est destiné à longer la tresse ; ensuite rabattez le n. 4 sur le n. 3, et faites-le passer sous le n. 2 ; le n. 1 se place sous le n. 4. Cette première maille est absolument semblable à celle de la tresse en quatre, de l'ancien système, mais les autres ne sont pas de même, et voici en quoi elles diffèrent : la mèche nattée, étant destinée, comme je l'ai déja dit, à longer la tresse, ne doit pas s'entrelacer avec les autres ; elle doit donc être placée au milieu des anneaux. Pour cela, il faut, lorsqu'on a fait la première maille, la passer sous le n. 1, pour qu'elle se trouve en second sur la gauche ; car ce n'est que lorsqu'elle est à cette place, qu'on doit recommencer à natter, et faire alors la maille de l'ancienne tresse en quatre. J'observe qu'à chaque tour la mèche nattée doit passer sous celle qui se trouve au milieu des trois autres, et ce n'est que lorsqu'on a atteint le bout des cheveux, qu'il faut pousser pour ouvrir les anneaux.

Tresse en points de dentelle. N. 13.

La tresse dentelle prend le nombre pair. Celle dont nous offrons le modèle, et qui a dans sa largeur trois réseaux pleins et deux demi, est faite avec douze mèches, Pour l'exécution il faut diviser sa chevelure en trois parties égales, et subdiviser ensuite chaque partie en quatre, afin d'obtenir le nombre douze ; après cela on prend les six mèches de gauche, pour commencer son travail de la manière ci-après. Les mèches 5 et 6 se croisent l'une sur l'autre, le 5 sur le 6, et l'on tient ses deux mèches dans la main droite, de manière à ce qu'elle ne puissent pas se découpre ensemble. De la main gauche, on croise le 3 sur le 4, la mèche n. 5 en passant sur le 6, vient se placer entre le 3 et le 4, après cela le 3 et le 4 se croisent encore, comme pour continuer la corde à puits, et le n. 6 vient alors se placer entre elles; après cette double passe, les n. 3 et 4 se dirigent ensemble vers la droite, tandis que le 5 et le 6 se dirigent du côté opposé, Dans cette position, tenant dans le quatrième doigt de la main les n. 3 et 4, on croise les mèches 5 et 6 de la même manière qu'on l'a fait en commençant. Les deux mèches qui se trouvent sur le côté gauche, n. 1 et 2 forment aussi un croisement, le 1 passant sur le 2, l'une des mèches 5 et 6 vient alors se placer entre ses deux voisines, et lorsque ses dites voisines ont formé leur seconde croisure, l'autre mèche qui marche vers la gauche, vient se placer entre ses deux dernières, elle joint sa compagne qui se trouve sur le bord de la tresse. Cette première opération terminée on prend les six mèches de droite, l'on fait exactement le même travail que l'on a fait pour le premier côté. Cette seconde opération terminée, le travail devient plus facile, car il suffit après avoir opéré la jonction des deux moitiés, par l'enlacement et la double croisure que l'on remarque au bas du raiseau du centre, il suffit disons nous de continuer de tresser. Cette tresse qui se fait en croisure simple ou croisure double, produit un effet charmant, posée sur des masses de fleurs, tel que des mancini.

N. 14.

Cette tresse d'une largeur convenable pour former la couronne a l'air d'être composée de trois tresses circassiennes, cousues ensemble, son exécution est des plus facile, elle prend le nombre impair, dans le modèle elle se compose de 13 branches, la première maille sefait exactement comme une tresse large ordinaire, et dont le point de rencontre est au milieu, au second tour on saute deux branches en dessus et en dessous, tant à droite qu'à gauche et ainsi de suite jusqu'à la fin.

N. 15.

Rien de plus simple que cette charmante tresse : on divise la chevelure en trois parties, dont une plus petite que les deux autres; on fait la maille de la tresse en trois, seulement lorsque les deux fortes mèches se rencontrent, elles s'entrelacent deux fois avant que la plus petite ne se rabatte. Nous devons faire observer que cette petite mèche suit la marche ordinaire de la tresse en trois ; arrivé au bout des cheveux, on tend la petite mèche et l'on pousse les deux fortes.

N. 16. Tresse à bordure.

Voulez-vous faire à une femme des tresses qui ne lui durcissent point les traits en lui encadrant le visage, faites-lui celle-ci. Avec cela la tresse à bordures a l'avantage de faire foisonner les cheveux, chose fort commode pour ce qu'on appelle des *Clotildes*, car pour cette coiffure qui exige une chevelure abondante on est presque toujours embarrassé, vu que les femmes ont le devant de la tête peu garni.

Exécution : Les cheveux sont séparés en neuf mèches, avec les 3 du milieu, 4, 5 et 6 on fait la première maille de la tresse en trois en nattant en dessous, c'est-à-dire on faisant passer le 6 sous le 5 et le 4 sous le 6, ces trois mèches se trouvent placées dans les doigts de la main gauche, dans cette position on va prendre avec la main droite le n. 9, on le fait sauter pardessus le 8 le 7 et le 5 pour aller le placer sous le n° 4. Cette première passe faite on se trouve avoir les n. 4 et 5 dans la main droite, parce que le 6 et le 9 se dirigent vers la gauche; on prend de la main gauche le n. 1, on le fait sauter par dessus le 2 le 3 et le 6 pour l'aller placer sous le 9, le n. 6 et le 9 se placent dans la main gauche; de la main droite on prend le n. 8 qui se treuve maintenant sur le côté, vu l'absence du neuf, on le fait sauter pardessus le 7 le 5 et le 6 pour le placer sous le n. 1; le n. 2 qui se trouve sur le côté gauche saute pardessus le 3 le 6 et le 9 pour se placer sous le 8.

La tresse se termine ainsi, c'est-à-dire que les mêches de côté sautent par dessus trois pour se placer sous une. Pour quiconque sait faire la natte en cinq, celle-ci ne doit donner aucune peine, attendu que saufle saut de la mêche de côté les passes sont absolument les mêmes.

<h3 style="text-align:center">N. 17.</h3>

Cette tresse n'est autre chose que la précédente au milieu de laquelle on fait filer une mêche afin de pouvoir repousser la tresse pour la rendre élastique et obtenir des clairs. Cette tresse est plus jolie dans la nature que nous l'offrons ici, attendu que le graveur n'a pas pu la rendre avec exactitude, elle se fait comme l'autre avec neuf branches pour la trame plus une dixième pour la coulisse prise juste à la place qu'elle doit occuper; il faut après avoir fait la première maille de la tresse en trois et en nattant en dessous avec les mêches 5 et 6, prendre la coulisse pour la placer sous le n. 9, sautant pardessus quatre mêches, vient passant sur le 4 se placer sous la coulisse; le n. 1 saute par dessus trois mêches, passe sous le 9 et se pose sur la coulisse. Le 8 saute pardessus 4 mêches et se pose sous la coulisse, le 2 sautre 3 mêches passe sous le 8 et°se pose sur la coulisse, et ainsi de suite. Cette tresse comme on le voit diffère de fort peu de chose avec celle à bordure, elle serait semblable si ce n'était qu'ici au lieu de sauter un nombre égal des deux cotés on saute quatre mêches à droite, et à gauche on en saute trois.

<h3 style="text-align:center">Natte à jour. (Voyez fig. 18.)</h3>

Pour faire cette natte, (1) on commence d'abord par bien enduire les cheveux de pommade, afin que les parties claires soient bien lisses, chose très essentielle dans ce genre de travail. La première opération est de détacher une mêche du côté droit, mêche qui doit servir de modèle, à toutes les autres pour la grosseur; la seconde est de fendre la masse des cheveux en travers avec le doigt, de manière à ce que cela forme deux parties égales, et lorsque chaque partie est bien peignée, on passe dans le milieu, la mêche qu'on a séparée premièrement, et la main gauche a reçoit. Pour la troisième opération il faut détacher une autre mêche du côté droit, à la partie inférieure et la faire traverser tout en détachant d'abord une mêche à la partie de dessus, ensuite une à celle de dessous, et ainsi de suite, jusqu'à ce qu'elle ait traverse toute la masse, en opérant, la division des mêches lorsqu'elle est arrivée tout

---

(1) La manière dont cette natte se présente dans le dessin ferait croire qu'il faut agir principalement de la main gauche, le dessinateur l'ayant fait à l'envers, on devra, comme je l'enseigne dans cette leçon, faire traverser les mêches de droite à gauche.

à fait à l'extrémité de la natte; on la reçoit dans la main gauche où se trouve déjà la première mèche; arrivé à ce point, le travail devient beaucoup plus facile, car il n'y a plus qu'à prendre les mèches une à une et à les faire traverser, tout en ayant bien soin de les faire passer, d'abord sur une mèche de dessus, ensuite sous une autre de dessous, et toujours de même, c'est-à-dire que les mèches de droite passent toujours à gauche où elles restent suspendues, et lorsqu'on a atteint la partie où les cheveux commencent à être trop effilés, on achève la natte dans la façon de la tresse en 7 ou bien 5 branches de l'ancien système. On remarquera sans doute que cette nouvelle manière de tresser n'a aucun rapport avec l'ancienne; dabord il n'est pas nécessaire de compter les branches et elle permet d'élargir la tresse sans diminuer à peine la longueur des cheveux.

N. 19. Tresse en 7 à jour. (1).

Exécution. On prend les n. 1, 2, 3, 4, 5, 6, 7, parmi ces mèches le n. 4 doit servir de coulisse et pour la distinguer des autres en étudiant elle doit être tressée en trois; cela fait, on prend le n. 7, on le passe sur le 6, puis sous le 5 et on le pose sur la coulisse, le 1 passe sur le 2, sous le 3, sur le 7 et se place sous la coulisse; le 6 passe pardessus le 5, ensuite sous le 1 et va se placer sur la coulisse. Le 2 en passant sur le 3 pardessous le 7 et sur le 6 va se placer sous la coulisse: d'après les détails que nous donnons de cette tresse où le n. 4 longe le milieu, il est aisé de voir que si l'on commence à tresser en reprises par la droite toutes les mèches de ce côté vont se placer sur la coulisse, tandis que celles du côté gauche vont toutes se mettre dessous.

N. 20.

Celle-ci se forme de deux tresses faites comme le n. 15, que l'on coud ensemble avec une mèche de cheveux.

N. 21. Tresse Allemande.

Dans la tapisserie à l'aiguille, il y a un point qu'on nomme le point sorcier, nous pourrons bien à juste titre, appeler cette tresse, la natte sorcière, car on a dû certainement bien se torturer l'esprit pour l'inventer. Jugez plutôt : la chevelure divisée en deux parties égales, on subdivise en 9 petites branches, pour chaque moitié, parce que cette tresse se commence par deux commencements de tresse circassienne. Occupons-nous d'abord de l'un des côtés, par exemple, prenons les 9 petites mèches du côté gauche: de la main gauche, je rabats le 2 sur le 3, je prends de la main droite le n. 9, que je fais passer par dessous le 8, le 7, le 6 et le 5, pour le poser sur le 2, qui se dirige vers la droite; et le n. 1 en passant par dessus le 3, se pose sur le 9; de la main droite je prends le n. 8, que je fais passer par dessous les mèches de ce côté, et je le pose sur le n. 1, puis je rabats le n. 3 sur le 8. Je continue de tresser ainsi, c'est-a-dire je fais une circassienne à bordure, en rabattant de la main droite, en dessous et en sautant 5 mèches, tandis que de la main gauche, je rabats par dessus, en ne sautant que par dessus deux.

Je dois observer, que je m'arrête aussitôt que les 6 mèches de droite, ont été enlacées, pour faire le même travail avec les 9 mèches qui sont sur le côté droit. Lorsque les deux côtés ont été ainsi préparés, il se trouve à chacune de ces portions de nattes, 6 mèches qui se dirigent en dedans. Tenant celles

(1) C'est encore une erreur du graveur que d'avoir mis 8 branches dans cette tresse qui appelle le nombre impair et n'en exige que sept.

du côté droit, de la main droite, et celles du côté gauche, de la main gauche, je croise ces mèches, c'est-à-dire, que je commence par faire passer une mèche de droite, à gauche, puis une de gauche, à droite; ensuite, je prends toutes les mèches qui se dirigent à droite, celles qui étaient dans l'origine, et celles que je viens d'y faire passer, j'en forme une seule natte, que je mets de côté, afin d'avoir plus de facilité pour travailler à deux mains sur le côté gauche de la natte. Tenant de la main droite, les 6 mèches que je viens de diriger vers la gauche, et de la main gauche, les 3 petites mèches de bordure, je viens continuer ma circassienne de gauche, en nattant comme dans le principe, c'est-à-dire, en sautant 5 en dessous de la main droite, et en sautant 2 rabattant en dessus de la main gauche. Lorsque mes 6 mèches se trouvent enlacées, on quitte le côté gauche de la tresse pour s'occuper du côté droit, où l'on fait le même travail.

N. 22. Tresse-Réseau.

La chevelure séparée en trois parties, on fait une tresse en trois de chaque côté. Mais contre l'ordinaire, avant de rabattre les mèches intérieures, on en détache une partie par mèche, à chaque tour. Lorsque ces deux tresses barbues sont finies, on enduit les brins de cheveux d'huile, de pommade, ou de bandeauline, après quoi, on prend les cheveux du milieu, pour faire la tresse en cinq, qui rallie les petites mèches de cheveux. Cette dernière opération, nécessite bien du soin! Car si ce milieu est mal fait, la coiffure est horrible. Voici donc comment on doit procéder à ce travail. Avant de commencer cette dernière partie de la tresse, il faut savoir comment on devra la poser sur la tête, parce qu'on doit écarter plus ou moins, les corps de tresse, selon le cas. Une fois bien fixé sur ce point, vous séparez votre grosse mèche en cinq branches, et vous faites un premier tour de la tresse en cinq. Arrivé à ce point, à chaque tour, de droite ou bien de gauche, vous réunissez à la mèche qui doit être enlacée, un des brins flottants; vous ne tirez sur le brin qu'avec ménagement, parce que, si vous donnez à la tresse plus d'ampleur que n'en exige la coiffure, l'ouvrage est à recommencer. Si au contraire, la tresse manque un peu de largeur, on peut, moyennant que les cheveux de la tresse du milieu ne sont pas tressés jusqu'aux pointes, l'élargir à volonté.

* * *

DESCRIPTION DES COIFFURES

DE LA 49me LIVRAISON.

N. 1. Coiffure par **CROISAT**.

Une Tresse-réseau (voyez fig. 22 de la planche aux tresses) faite au bas de l'occiput, est relevée jusqu'au milieu de la tête où un peigne la fixe. Les pointes des cheveux, partie frisée et partie lisse garnissent le devant du peigne et un panache composé de cinq petites plumes d'autruche garnit le côté droit de la coiffure.

LES CENT-UN

On souscrit à la Direction,

Rue de l'Odéou. 33.

A PARIS.

1 et 2-Chevelures tressées en réseau,
par Croisat, Professeur de Coiffure.
3-par Olivier, rue du Faub. St Honoré, 123

4-par Brun. 7-par Goupy, de Grenoble.
5-par Séguy, élève de Croisat.
6-par Laurent, M.bre de l'U.mité de Coiffure à Avignon.

Nous recommandons pour cette coiffure que les cheveux soient bien comprimés sous le peigne, parce qu'autrement les brins qui forment la résille se dérangeraient au moment où l'on met les pointes en papillottes, ou bien en crépant la mèche qui sert à former la coque qui passe pardessus le peigne.

N. 2, par **HERGOUX** de Dunkerque, Membre de l'Académie de Coiffure.

Si l'on veut exécuter cette coiffure, il faut se munir d'un rouleau de 45 centimètres et d'un petit de 27. Le grand rouleau, placé en travers en dessous du cordon, et recouvert de cheveux, ramené vers le haut, est recourbé de manière à former la croisure qu'on remarque sur le devant du chou. Le petit rouleau étant garni d'un œillet à chaque bout est fixé sur la ligature; il est recouvert de cheveux et puis il se place sur le derrière du chou tout en formant l'S. Ce qui reste de cheveux, au lieu de l'employer à des coupures lisses, comme cela se fait quelques fois, vous en faites deux rubans lissés à la bandeauline que vous laissez flotter en longues boucles sur le col.
Une Couronne de racines de corail, de forme renaissance, vient garnir le devant de la tête et accompagner les joues.

N. 3, par **NOUGARET** de Lyon.

Après avoir tiré sa ligne du milieu, formé ses bandeaux et peigné sa chevelure de manière à la réunir entièrement au bas de la fossette, on fend la masse en deux avec l'index de la main droite afin de relever les cheveux à la renaissance. (voyez 21ᵉ Livraison). Comme les torsades qui encadrent la tête exigent des cheveux de 75 à 80 centim. de longueur, si une chevelure paraissait trop courte on introduirait dans le tournant deux mèches artificielles, une se dirigeant à droite et une à gauche. Cette couronne formée de deux cordes à puits produit un aussi bel effet en tresse *Circassienne* ou en *trois*.

N. 4, par **LASCOMBES**, élève de Dénizot.

Pour faire cette coiffure, j'ai noué mes cheveux assez bas et je les ai séparés en deux parties égales; avec celle de droite, j'ai fait mes *deux jumelles*, c'est-à-dire les deux coques qui sont à la surface du chou; pour cela, jai lissé mes cheveux à la bandeauline, je les ai pliés de gauche à droite, j'ai planté une épingle double de 8 centim. , perpendiculairement dans le cordon, et lorsque j'ai pu appuyer ma mèche sur ladite épingle, j'ai formé ma seconde jumelle en rabattant les pointes en dessous. Avec la mèche qui me restait, j'ai, en la repliant vers la gauche, formé ma troisième masse lisse, ensuite j'ai tressé l'excédent de cette mèche pour placer sur le col l'anneau de tresse qui garnit le bas du chou. J'ai fait mes touffes en demi-anglaises crépées, j'ai posé ma plume au pied de laquelle j'ai posé une broche et puis pour consolider mes coques j'ai traversé le chou avec deux épingles à têtes dont les pointes sont entrées dans le cordon.

N. 5. Coiffure exécutée sur un peigne breveté, par **JARDINIÈRE** élève de Puget.
Rue du Cours, à Rome.

Ce peigne a une forme qui joint l'utile à l'agréable, il orne la coiffure et soutient les cheveux.
Exécution : On noue les cheveux et on les sépare en deux; après cela on

peigne chaque mèche qu'on lisse comme il faut à l'huile antique, et puis on pose le peigne droit et au milieu; cela fait, on prend une mèche, on la tord et l'on décrit un petit cercle sur la denture du peigne; deux épingles plantées dans la ligature suffisent pour donner assez de solidité à cette première masse qui, continuant son mouvement circulaire va se perdre sous le devant du peigne. L'autre côté se fait de la même manière, et puis la couronne de fleurs vient mettre le fini à ma modeste composition.

FABRICATION DU TULLE CHEVELU.

Il y a trente ans environ que le coiffeur Dufour, célèbre par plusieurs inventions, eut l'idée de nouer des cheveux, au moyen d'un crochet à broder sur du tulle de soie à petites-mailles, dit *Tulle à Perruque*. La délicatesse de ce travail, le faisait rechercher de la plupart des gens aisés portant perruques ou toupets, et il est plus que probable que la masse des coiffeurs eût adopté ce tissu, d'autant plus qu'à cette époque l'implanté était fait assez grossièrement; mais malheureusement M. Dufour faisait ou faisait faire ce travail en cachette, et il n'y eut qu'un seul de ses ouvriers, et une demoiselle de comptoir qui purent surprendre ce secret qu'ils ont communiqué à plusieurs autres personnes et à nous particulièrement. Dévoués au progrès de l'art du coiffeur, ainsi qu'aux intérêts de nos confrères; nous avons cru devoir les faire participer à cette importante découverte, qui jouit aujourd'hui de la plus grande faveur, pour les pièces légères. Voici comment on procède à l'implantation des cheveux sur tulle. Si l'on veut faire un toupet, comme celui, par exemple, que nous offrons pour modèle, il faut poser son ruban, ses ressorts et ses crochets, comme si la pièce devait être garnie de tresses ordinaires; seulement, on doit poser le tulle par dessus les ressorts en long; c'est-à-dire dans le sens de la lisière. Comme pour ce travail il est important de maintenir le réseau ouvert, nous conseillons, après avoir présenté le tulle sur la monture du toupet, la maille en long, de planter les pointes des côtés afin de le tendre en travers et de ne poser qu'en dernier les pointes qui doivent tendre le tulle en long, parce que c'est le seul moyen de maintenir la maille plus ou moins ouverte, selon qu'on le croit nécessaire. Comme dans un semblable toupet, il ne faut coudre qu'un seul rang de tresse au bord du ruban, on doit avoir grand soin de conduire son tulle jusqu'auprès du picot du ruban. Ensuite on prend son crochet de la main droite, (ce crochet de forme cintrée ne doit pas avoir de vis au manche comme un des 3 que nous offrons, parce que la tête de la vis pourrait rompre les cheveux; les crochets les plus commodes sont ceux qui sont collés dans leur manche avec de la cire à cacheter), le paquet de cheveux destinés à garnir le toupet, doit être placé sur une table ou fixé sur un genou à l'aide d'une épingle. Dans cette position on tire les pincées de cheveux avec le pouce et l'index de la main gauche, puis s'aidant de la main droite, on replie la tête de ces cheveux et on présente cette sorte de boucle devant le réseau où on veut les fixer; le crochet, (voyez fig. A.) est alors introduit dans la maille du tulle, il saisit les cheveux, les fait passer au travers du réseau; après ce premier mouvement, le crochet, sans être dégagé du cheveu, est repoussé en avant (voyez fig. B.)

gbre 1840
12
1
Crossat
3
Nougaret
4
Lpascombes
2
hergoux
5
Jardinier
6
7
8

LES CENT UN

pour aller ressaisir de nouveau la pincée, mais alors il embrasse tout à la fois, les têtes et les pointes, fait la bascule à droite et, les attirant vers la boucle qui a traversé le réseau (voyez fig. C.) les fait passer à travers, et le nœud se trouve ainsi formé. Afin de ne pas déchirer son tulle en retirant son crochet il faut avoir le soin d'appuyer du côté du dos. Pour ce toupet, il faut, ainsi que l'orsqu'on met des tresses, commencer par garnir les côtés, pour cela, on tourner son toupet en travers de manière à ce que la partie que l'on veut garnir soit placée devant la poitrine. Il y a une difficulté dans ce travail, c'est de diriger les cheveux dans tous les sens, pour imiter les divers mouvements des coiffures naturelles, nous n'entreprendrons pas de la décrire, parce que les détails seraient tellement compliqués, que le lecteur finirait par ne plus s'y reconnaître; la pratique et l'intelligence peuvent seules apprendre à surmonter cette difficulté, nous nous contentons donc d'enseigner la disposition des montures, la pose du tulle, la formation du nœud, et la manière dont on doit procéder pour faire un épi de perruque, chose qui se fait par quartier. Nous ferons observer aussi, que les parties touffues et cachées d'un postiche quelconque, se font à 4 et 5 cheveux à la fois, celles qui se découvrent moyennement, à 2, et celles enfin qui sont à la superficie, telles que les épis et les raies de chair, ne veulent qu'un seul cheveu à la fois.

Si on veut faire une raie droite, il faut, après avoir fait sa monture, poser le tulle dans le sens de la maille, établir un fil sur le bas de la raie, et replier le tulle sur ce fil, après quoi on passe un fil sur le milieu du tulle, parce que la raie se fait en deux fois, par moitié dans toute la longueur; pour faire le côté droit de la raie, on tourne la tête de manière à ce que le derrière se trouve devant la poitrine et on commence à nouer les cheveux du côté droit de la raie en commençant par le haut, seul moyen de faire courber les cheveux vers le bas en l'inclinant à droite. Pour faire le côté gauche de la raie, on retourne la tête et on commence par le bas, juste au beau milieu de la raie. Nous recommandons de suivre cette méthode pour faire les raies pour tours, car si l'on s'y prenait autrement, les deux côtés de raies ne plaqueraient pas également. Pour les pièces de ce dernier genre, comme il ne doit pas se trouver de ruban de monture au bas de la raie, il faut que le crochet prenne le tulle en double, chose facile, puisqu'il est replié en cet endroit.

Si on voulait employer le tulle chevelu pour les tours de femmes, comme ces sortes de postiche, fatiguent beaucoup, on doublerait la dernière passe du nœud, et alors le cheveu offrirait une solidité centuple. Cette manière de former son nœud permet de couper les têtes à ras, chose qui convient principalement pour les raies de chair de tours et de bandeaux.

Les tours, les postiches faits par ce procédé, conviennent principalement aux personnes qui ont la tête entièrement dépouillée, parce qu'alors la peau naturelle forme transparent; mais pour les personnes qui ont encore un peu de cheveux, on double le tulle avec du taffetas rose afin d'imiter la couleur de la chair.

Nous ferons observer que pour les raies de tours ainsi que pour les épis de perruques il faut prendre du tulle coton très fin, parce qu'il ne s'en fait pas en soie qui ait les mailles assez fines pour qu'on n'aperçoive pas le grain de la soie.

HISTOIRE DE LA COIFFURE ET DU COSTUME,

DEPUIS L'ANTIQUITÉ JUSQU'A NOS JOURS.

CHINOIS.

De toutes les nations, la nation chinoise est celle dont l'origine remonte à l'antiquité la plus reculée : s'il faut en croire les histoires populaires de cette vaste monarchie, elle compterait déja plus de 4000 ans d'existence. Nous ne discuterons pas ce que ces prétentions peuvent avoir de plus ou de moins d'exagération ; c'est une tâche qui appartient à la chronologie contentieuse, nous pensons, nous, que de semblables minuties ne servent pas le moins du monde à éclairer l'esprit humain, et qu'en fait de dates on doit s'arrêter à celles qui paraissent les plus vraisemblables, sans s'engager à les garantir.

Le célèbre Fohi fut le fondateur de ce gigantesque empire, ce fut lui qui régla tout ce qui concerne la vie privée, la religion et la police. Dès l'origine, les Chinois, soit que les nations voisines fussent encore plongées dans la barbarie, ou que leurs vies fussent différentes des leurs, s'isolèrent en quelque sorte, et se firent une maxime de n'avoir d'autres relations avec les peuples étrangers, que celles que nécessiteraient leurs intérêts. Cet éloignement pour les étrangers dégénéra promptement en orgueil, les Chinois se crurent appelés à instruire et à policer les autres nations, qui ne furent plus à leurs yeux que le rebut du genre humain. Leurs cartes anciennes sont couvertes d'emblèmes qui montrent assez quel était leur mépris pour le reste des hommes.

Cette morgue nationale, que le contact des Européens n'a pu détruire jusqu'à ce jour, n'est malheureusement pas le seul défaut qu'on puisse reprocher aux Chinois. S'ils sont doux, polis, sensés, économes, zélés pour le bien public, ils sont en revanche, ambitieux, avares, envieux, voleurs, mais ce qui les caractérise surtout, c'est la lâcheté; leurs soldats ne savent que fuir, on dirait qu'ils ne sont armés que pour parader autour de l'empereur ou des princes de l'état, quelques régiments français suffiraient pour conquérir la Chine et mettre à la raison ses innombrables armées.

Les Chinois sont loin d'être aussi laids et aussi ridicules que nous les représentent leurs vases et leurs gravures; cela provient de ce que, leurs artistes au lieu d'imiter les nôtres et de flatter les modèles qui posent devant eux, les estropient et en font des monstres. Il est vrai de dire aussi, que leurs idées sur la beauté sont bien différentes des nôtres; ils n'aiment pas une taille svelte et élancée, une démarche vive et alerte, une physionomie ouverte et caustique; ce qu'ils veulent, et ce qui forme à leurs yeux, le véritable type de la beauté, c'est qu'un homme soit grand et gros, que son abdomen soit surchargé d'une énorme obésité; qu'il ait le front large, les yeux petits et enfoncés dans leurs orbites, le nez court, les oreilles grandes, la bouche médiocre, les moustaches longues et les cheveux noirs. Pour qu'un homme soit bien fait, il faut que son corps remplisse bien un large fauteuil, et que par son embonpoint et son imperturbable gravité, il fasse, si l'on peut se servir d'une semblable locution, une vaste et grosse figure. (voyez fig. 1) En général leur teint est aussi blanc que le nôtre, surtout dans la partie septentrionale de l'empire; mais comme ils voyagent beaucoup, et qu'ils ne portent qu'un petit bonnet sans bords, et peu propre à les garantir des ardeurs du soleil, leur visage acquiert avec le temps, une couleur olivâtre et cuivrée.

CHINOIS.

Les Chinois se rasent toute la tête, à l'exception de la partie de derrière, où ils laissent croître des cheveux en quantité suffisante pour former une longue tresse qui descend quelquefois jusqu'au milieu des reins. Ils ont continuellement la tête couverte d'un bonnet ou chapeau que la civilité leur défend d'ôter, et qui varie suivant les saisons de l'année. Il est de forme conique, c'est-à-dire rond et large par le bas et pointu par le haut. De prime abord on conçoit difficilement comment ce bonnet, dont l'entrée est de 3 ou 4 pouces plus large que la tête, peut tenir solidement; mais tous les doutes s'évanouissent, quand on aperçoit l'échaffaudage de fil de fer, assez semblable à celui qui supporte l'abbat-jour de nos lampes. L'intérieur est doublé d'un fort beau satin, la partie extérieure est faite d'une natte très fine et très estimée dans le pays. Ils attachent à la pointe de ce bonnet une grosse touffe de soie qui tombe tout autour et recouvre en partie les bords, de telle sorte que quand ils marchent, cette touffe flotte au gré des vents, et donne à cette coiffure un agrément tout particulier. Quelquefois le crin remplace la soie, il est alors d'un rouge éclatant que la pluie n'altère jamais. Ce crin, vient de la province de Soutchoïien, il croit aux jambes de certaines génisses; sa couleur naturelle est blanche, mais lorsqu'il est teint il est plus cher que la plus belle soie. En hiver, ce bonnet sans changer de forme, est fait de peluche, et bordé de zibeline ou de peau de renard, le reste est d'un beau satin noir ou violet. Ces bonnets sont excessivement propres, mais ils ne cachent pas les oreilles, ce qui, joint à leur forme particulière, donne à la physionomie un air étrange et original. Le bonnet de cérémonie des Mandarins est terminé par un gros diamant, ou par quelque autre pierre de prix, enchassé dans un bouton d'or, d'un travail exquis. Les bonnets des simples citoyens sont terminés par un gros bouton d'étoffe, de cristal, d'agathe ou de toute autre matière.

Nulle part au monde il ne règne une plus grande uniformité dans les vêtements que chez les Chinois. Nous ne voulons parler ici que de la forme, car il n'en est pas de même pour la couleur. Le jaune est exclusivement réservé à la famille impériale; le peuple n'a le droit de porter, hommes et femmes, que des habits en cotonnade bleu foncé uni, quant à la classe élevée, elle a le choix de toutes les couleurs, le jaune excepté; les étoffes dont elle se sert, sont ordinairement fort riches et bariolées; les mandarins et les grands personnages font broder sur leurs vêtements le dragon qui est en quelque sorte l'emblème de la nation chinoise. L'artisan, pour se distinguer de la classe pauvre, rapporte des broderies postiches, en or ou en argent, aux extrémités de ses vêtements. Ces vêtements sont longs et commodes pour les gens sédentaires, mais fort embarassants pour les cavaliers, et pour les hommes dont la profession exige une grande activité. Ils consistent dans une robe qui descend jusqu'à terre, mais très peu ample, dont les pans se croisent par devant, l'un sur l'autre, de telle sorte, que celui de dessus s'étend, (comme dans la figure n. 2,) jusqu'au côté gauche, où on l'attache avec quatre ou cinq petits boutons d'or ou d'argent. Les manches qui sont larges à leur naissance, vont en se rétrécissant jusqu'au poignet, comme celles des aubes de nos prêtres, mais elles recouvrent presque toute la main, et ne laissent en quelque sorte à découvert que le bout des doigts. Cette robe est serrée autour des reins par une large ceinture de soie, dont les deux bouts descendent jusqu'à mi-jambe, et à laquelle les Tartares (1) suspendent, un mouchoir, un étui à couteau et à fourchette, des cure-dents, une bourse et diverses autres choses. Cette robe laissant le cou à découvert, on le couvre en hiver d'un collet de satin qui tient à la robe, ou d'une bande de fourrure,

(1) Les Tartares après avoir conquis la Chine, ont adopté le costume et les mœurs des vaincus.

large de 3 ou 4 doigts, que l'on fixe par devant, avec un gros bouton en agrafe, ce qui sied assez bien aux cavaliers.

Sur cette robe, on porte une sorte de pardessus, dont les manches sont fort larges et se terminent au coude : les lettrés portent ces pardessus très longs, ceux des cavaliers et des tartares ne descendent guère plus bas que les hanches, à peu près comme les vestes flamandes du moyen âge.

Les vêtements du dessous se composent en été, d'un simple caleçon de taffetas blanc, et d'une chemise de même étoffe, fort ample et fort courte ; en hiver cette chemise est de toile, et on porte des pantalons en gros satin, fourré de coton ou de soie crue. Les Chinois portent des bottes assez semblables aux nôtres, excepté qu'elles n'ont point de talons ; celles des voyageurs et des cavaliers sont de cuir ou de grosse toile noire, de coton piqué ; celles des citadins sont ordinairement de satin piqué, doublé de coton, avec un gros rebord de velours sur le genoux : cette chaussure est très chaude pendant l'hiver, mais en été elle devient une véritable étuve : on porte aussi des patins ou pantoufles de toile noire ou d'étoffe de soie, très propres et très commodes, dont la pointe, ainsi que celles des bottes, est généralement recourbée en dessus. Les hommes, quoique propres, sont fort négligés dans leur toilette, mais les femmes prennent un soin excessif de leur personne, et ne négligent aucune des milles ressources de la coquetterie féminine. Cela ce conçoit sans peine : ces femmes en général sont sédentaires, et se dédommagent de cette privation de liberté, en consacrant à leur toilette la plus grande partie de la journée. La coiffure est la partie du costume la mieux soignée, ainsi qu'on en pourra juger par la description que nous en donnons plus loin, rien n'est plus ordinaire que de voir des Chinoises fortunées, avec des fleurs, des papillons placés dans leurs cheveux, comme pourraient en mettre nos dames quand elles vont au bal ou au spectacle. Nous devons dire aussi, pour rendre justice aux Chinoises, que leur toilette une fois terminée, elles s'occupent activement de broderies et de festons, ouvrage dans lequel elles déploient une delicatesse et un goût exquis. Elles ont en général, les yeux petits et le nez court, ce qui donne à leur physionomie un air badin, que tempère, il est vrai, leur modestie naturelle. Leur cou est toujours couvert d'un petit collet de satin blanc qui tient à la robe, et leurs mains disparaissent entièrement dans de longues manches. Leur démarche est lente et pleine de volupté, leurs yeux sont toujours fixés sur la terre ; leur tête penchée sur la poitrine.

Leurs vêtements sont presqu'entièrement semblables à ceux des hommes ; comme ceux-ci, elles portent un long jupon de satin ou de brocard, dont la couleur varie à l'infini ; (1) pardessus, elles portent une seconde robe, ou tunique qui s'arrête au genou, dont les manches descendent jusqu'au bout de la main, et ont une ampleur telle qu'elles traînent à terre, quand on n'a pas le soin de les relever.

Ce qui distingue particulièrement les Chinoises, c'est l'extrême petitesse de leurs pieds ; c'est en cela que consiste le point caractéristique de leur beauté. Dès qu'une jeune fille est née, la nourrice lui garrotte étroitement les pieds et le bas de la jambe, dans la crainte qu'ils ne grossissent dans les mêmes

---

(1) Les jupons des Chinoises ne sont pas comme ceux de nos femmes, ce sont des espèces de tabliers, aussi larges du haut que du bas, dont elles s'enveloppent pour former le jupon ; on le place ainsi : Le centre du tablier est par derrière et les extrémités viennent se croiser sur le devant. La ceinture du tablier porte sur le milieu du ventre, juste sur la ceinture du pantalon qu'elles portent toutes, mais le jupon doit être descendu assez bas sur le pied pour que le pantalon ne puisse pas être apperçu. Ce tablier a des fronces de chaque côté, juste aux endroits qui portent sur les hanches.

proportions que le corps, et cette crainte subsiste jusqu'à ce que les membres aient acquis tout leur développement. On croirait sans doute que les Chinoises ne peuvent se tenir debout, et que la petitesse de leurs pieds les empêche de supporter les fatigues de la marche, en cela on se tromperait singulièrement, car elles sortent quelquefois et font des trajets assez longs. Une de leurs coquetteries principales, consiste à faire voir leurs petits pieds, coquettement emprisonnés dans de jolis souliers de satin, brodés d'or ou d'argent. Nous ferons observer cependant, que leur démarche est mal assurée, qu'elles ne font que de très petits pas, et tomberaient si leurs deux bras ne leur servaient de balancier. Le père Lecomte, missionnaire jésuite, qui avait pénétré dans le cœur de l'empire, désirant savoir si cette mode des petits pieds n'était pas une invention des hommes, pour empêcher leurs épouses de sortir, demanda des renseignements à cet égard à plusieurs Chinois. — « Nos pères « aussi bien que nous, lui répondit l'un d'eux en riant, connaissaient trop « bien les femmes pour croire qu'en leur retranchant la moitié des pieds on « leur enleverait la faculté de marcher et l'envie de voir le monde.»

Nous avons sous les yeux les souliers de satin d'une grande dame chinoise, dont nous offrons le dessin, fig. 3, qui n'a pas plus de 9 centimètres de long sur 2 centimètres de large. Un autre soulier, fig. 4, qui a été apporté de Macao, et qui appartenait à une batelière, nous fait connaître qu'en Chine, les femmes du peuple sont élevées différemment que celles de la classe élevée, c'est-à-dire, qu'on laisse prendre à leurs pieds tout le développement que la nature exige. L'étoffe est en toile rouge, brodée au plumetis, et bordée d'une gance de soie; la semelle, dont l'épaisseur semble annoncer une chaussure très lourde, est en grande partie de jonc, le dessous est en cuir. Le soulier de la grande dame a un talon, celui de la batelière n'en n'a pas.

Nous avons dit, plus haut, que la coiffure était la partie du costume à laquelle les Chinoises apportaient le plus de soin; nous allons en donner un aperçu, en faisant la description des figures suivantes. Cet aperçu sera d'autant plus véridique, que M. Croizat a eu l'heureuse occasion de coiffer plusieurs fois une jolie dame nouvellement arrivée de Canton, munie de tous les accessoires nécessaires à la toilette d'une Chinoise; accessoires, qu'elle a bien voulu nous confier, pour nous guider dans la rédaction de cet article; à laquelle elle-même, elle a bien voulu contribuer, par ses connaissances des mœurs et coutumes de ce pays (voir la planche aux Chinois n. 5). Dans cette coiffure, il y a, outre les cheveux naturels d'une personne, une carcasse de jonc, (voyez fig. 6), une pièce de crin, espèce de bavolet doublé d'une toile gommée, (voyez fig. 7),(1) des fleurs, des papillons et une lame d'or cintrée, sorte de plaque de peigne. fig. 8. *Exécution :* Les cheveux peignés en racines droites, sont noués sur le derrière de la tête, à la hauteur du sourcil. La pièce de crin n. 7, longue de 18 cent. environ, se pose à plat sur la nuque le côté fendu sous la ligature des cheveux. La carcasse se pose sur la ligature, le côté le moins large par en bas. La base de cette coiffure, ainsi disposée, on entoure la chevelure d'un cordon, de manière à former une espèce de queue de 20 centimètres de longueur: cela fait; on rabat son rouleau de cheveux, de manière à former une anse, que l'on fixe, au moyen d'une épingle, au bord de la carcasse; puis on peigne la chevelure, qui n'a pas été *ligaturée*, on l'impreigne d'une liqueur gommeuse, parce que, placée sur la carcasse, comme on place quelquefois les cheveux sur un peigne à sabot, si les cheveux ne recevaient

____

(1) Cette pièce est faite en toile noire, recouverte de crin, tressé absolument comme les recouvrements à tours indéfrisables.

pas un apprêt, la coiffure pourrait s'ébouriffer. Voilà pour le travail des cheveux de la coiffure qui, nous le pouvons certifier, est générale. Vient maintenant la plaque cintrée, signe distinctif de la coiffure chinoise : simple ou ornée, cette plaque, on la passe sous l'anse, et les bouts recourbés à leurs extrémités, emboîtent les cheveux lisses qui recouvrent la carcasse de jonc. Nous ferons observer, que lorsqu'une femme a des cheveux de 90 centimètres, il devient inutile d'employer les cheveux artificiels, vû qu'ils sont assez longs pour former l'anse et la couronne lisse. Les fleurs sont détachées les unes des autres, et se posent coquettement en demi-couronne, penchant vers le côté droit, quant aux papillons, ajustés sur des épingles d'or ou d'argent, on les place ça et là, souvent même, quelques petits oiseaux viennent encore orner cette coiffure, que nous classerons dans le genre gracieux.

Nous profiterons de cette circonstance, pour dissiper l'erreur où l'on est généralement, en France surtout, relativement à la coiffure chinoise. Lorsqu'en 1812, la coiffure chinoise fut à la mode, les dames s'attachaient les cheveux sur le devant de la tête, à un tel point que le coiffeur, pour relever une chevelure, était obligé de se placer devant la personne ; à cette époque, se faire un chou de 20 centimètres, sur le devant de la tête, *percher* encore par-dessus la coiffure, un cache peigne touffu, et couronner le tout de 5 ou 6 épingles à têtes et à petits grelots, cela s'appelait une chinoise ; singulière erreur, puisque la coiffure chinoise est excessivement basse, et n'a pas d'autre ressemblance avec nos coiffures dites chinoises, que le devant qui est en racines droites. La même erreur existe, relativement au costume ; car sur nos théâtres, comme dans nos bals travestis, on croit se déguiser en chinoise quand on a une tunique dentelée, avec des grelots et des manches qui, au lieu d'être larges et sans coutures à l'épaule, sont toujours fendues à la naissance du bras, d'où s'échappe un long pan, taillé en pointe, et terminé par un grelot. Que diraient les femmes si modestes de Pékin, ces femmes qui ne laissent voir que l'extrémité de leurs pieds et de leurs doigts, et dont la tunique croisée sur la poitrine, remonte jusqu'au menton, en entendant le bruit des grelots de nos chinoises de salon et de théâtre, et si elles voyaient leurs bras nus, chargés de bracelets et leur taille gênée par l'étreinte d'une ceinture, elles qui n'en portent pas. Une semblable profanation de leur costume les exaspérerait, et les ferait bondir, d'indignation, sur leurs jolis petit pieds.

Une coutume excessivement bizarre, et que de nos jours on a voulu imiter chez nous, veut qu'en Chine, les docteurs, les lettrés, et probablement tous ceux qui occupent un certain rang, laissent croître leurs ongles, de telle façon qu'ils sont souvent aussi longs que les doigts. Ce n'est pas seulement un ornement, c'est une distinction qui indique qu'on n'exerce pas une profession manuelle, car alors on est obligé de couper ses ongles, afin de pouvoir manier un instrument. Pour ajouter à la gravité de leur physionomie, les Chinois laissent croître leur barbe, malheureusement la nature ne les a guère favorisés de ce côté ; aussi sont-ils très envieux de la barbe des Européens, et les regardent-ils, comme des êtres privilégiés à cet égard. C'est une chose réellement risible de voir ces hommes corpulens, au visage large, au front découvert, et aux oreilles démesurément longues, n'avoir que sept ou huit poils de moustaches, qu'ils rendent encore plus ridicules, en les laissant croître de 40 à 45 centimètres de longueur.

Lorsque les Chinois sont en deuil, le bonnet, la veste, le surtout, les bottes elles-mêmes sont de toile blanche ; cette couleur est obligatoire, aussi bien pour l'empereur que pour le plus chétif artisan. Dans le grand deuil, la

forme du bonnet est fort singulière, et il est fait, d'une toile de chanvre fort
claire, assez semblable à ce que nous appelons de la toile d'emballage. La
robe est serrée par une ceinture de chanvre demi-retort.

Si les Chinois sont négligés sur leur personne et dans leur intérieur, ils
affectent en public une grande somptuosité. Les Mandarins surtout étalent
un luxe écrasant ; quand ils se montrent en public, ce n'est jamais que richement vêtus, dans des palanquins découverts et dorés, portés sur les épaules
de huit, et quelquefois de seize personnes. Ils sont toujours accompagnés
de tous les officiers de leurs tribunaux, qui les entourent avec tous les insignes de leurs dignités. Des seigneurs les précèdent, marchant deux à deux,
et portant des chaines, des bâtons et des tableaux de bois vernis, sur lesquels
on lit en gros caractères d'or, les titres d'honneur attachés à leurs charges,
et un gros bassin d'airain, sur lequel on frappe un certain nombre de fois,
selon le rang qu'ils occupent. Il y a des Mandarins qui ont une suite de 60
et de 80 domestiques.

Quant aux Empereurs, ils ne paraissent jamais en public que comme des
divinités, environnés de tout l'éclat qui peut attirer le respect et la vénéra-
tion des peuples.

Lorsque l'Empereur est accompagné de tous les seigneurs de sa cour, on
ne voit que soie, dorures, pierreries, tout y est étincelant ; les armes, les har-
nois des chevaux, les parasols, les banderolles et cent autres insignes de la
dignité impériale, ou de celle de chaque prince qui l'escorte ; mais il n'y a
pas la moindre confusion dans cette foule, chacun observe soigneusement,
la place qui lui est assignée, car il y va de la tête, ou au moins de la fortune
de celui qui troublerait l'ordre de cette marche.

NOTA. La figure 5, quoique vêtue et coiffée tout à fait en Chinoise, ayant été
dessinée par nous, mais non d'après une *Peinture* provenant de ce pays, c'est pourquoi elle a une attitude un peu française ; nous croyons donc utile de prévenir nos
lecteurs de cette particularité, et de les renvoyer pour l'étude des statures chinoises,
aux figres 2 et 11, attendu que ces dernières sont des portraits faits d'après nature.
Ce qu'il y a de plus remarquable dans ces deux personnages, c'est la petitesse de
leurs jarrets ; et il est aisé de reconnaître à ce signe l'usage des bandages aux pieds
et aux jambes, dont nous avons parlé plus haut.

ROMAINS ET ÉTRUSQUES. (1)

ROMAINS.

On a déjà beaucoup écrit sur Rome et sur les Romains, et cependant cette mine féconde loin d'être épuisée, présente encore à qui veut l'exploiter, une foule de matériaux aussi intéressants qu'instructifs. Nous entreprenons aujourd'hui de tracer l'histoire du costume de cette nation célèbre qui atteignit un si haut degré de splendeur, et dont les orgueilleux enfants virent à leurs pieds tous les peuples du monde connu. Cette tâche est plus difficile, qu'elle ne le paraît au premier abord, les monuments ne manquent pas, il est vrai, ils sont nombreux innombrables même, mais ils ne sont pas toujours d'accord, et causent souvent une grande confusion qu'on ne peut dissiper qu'à force de comparaisons et d'observations.

La toge était le vêtement caractéristique des Romains : c'était une sorte de manteau de laine dont nous offrons le patron, voyez fig. A. pour la forme et fig. B. pour les contours que ce vêtement décrit lorsqu'il est drapé sur un personnage debout.

Elle était extrêmement ample, assujettie sur l'épaule gauche et drapée de telle façon qu'elle enveloppait tout le corps, ne laissait de libre que le bras droit; pour se servir du bras gauche, on était obligé de soulever un peu de la toge. Ainsi drapé le citoyen de Rome avait quelque chose de noble et de

(1) Les Etrusques habitaient la province d'Italie que nous connaissons aujourd'hui sous le nom de Toscane. Leur costume avait trop d'analogie avec celui des Romains pour qu'il soit nécessaire d'en donner de grands détails : ils portaient la toge, qu'ils passent pour avoir donnée aux Romains, une tunique qui descendait jusqu'aux talons, et qui était serrée autour du corps par une riche ceinture, à laquelle on passait un poignard. Ils avaient communément les cheveux longs et tressés ; à une époque plus rapprochée, ils les portèrent très courts, comme les Romains. Les vieillards seuls portaient la barbe longue et touffue. Les Etrusques avaient indistinctement des bonnets coniques ou bien des bonnets plats, à-peu-près semblables aux bérets basques. Les femmes portaient une tunique qui descendait jusqu'aux pieds, avec des manches ouvertes sur les côtés et qui ne descendaient que jusqu'au coude. Elles portaient en outre une longue robe boutonnée par devant, comme celle de nos prêtres, et se couvraient les épaules et les bras d'une sorte de mantille longue, étroite et brodée tout autour. Dans la suite elles portèrent aussi la toge. La coiffure des femmes était généralement la tiare des Perses, d'autres portaient une sorte de bonnet élevé, et de dessous lequel s'échappaient les cheveux, pour flotter de part et d'autre sur les côtés, et derrière en tresses ou boucles. Leur coiffure en cheveux n'était pas moins gracieuse que celle des Romaines et des Grecques : elles nouaient leurs cheveux un peu au-dessus de l'occipital et y établissaient de fortes masses lisses d'où sortaient des pointes frisées à l'instar de Diane chasseresse ou de la Vénus de Canova.

Les hommes comme les femmes allaient presque toujours les pieds nus, ou bien ils portaient des espèces de souliers à talons élevés comme les mules. Ces souliers étaient arrondis par le bout ou se terminaient par de longues pointes, comme les poulaines. D'autres fois cette chaussure, après avoir exactement couvert le pied, laissait le devant de la jambe à découvert, et venait se terminer en pointes par derrière, au-dessus du mollet.

ROMAINS.

majestueux, on reconnaissait le maître de la terre, à celui dont les aigles victorieuses planaient sur le monde entier. Les gens riches, et ceux de distinction, donnaient plus d'ampleur à leur toge que les simples citoyens; elle avait quelquefois jusqu'à 9 mètres de largeur. Sa couleur était ordinairement blanche, on lui donnait une sorte de lustre avec de la craie, quand une famille était en deuil, ses membres prenaient une toge couleur gris de fer; les accusés ne comparaissaient jamais devant leurs juges, qu'avec une toge en lambeaux,

Tant que dura la république, la toge fut portée par tous les Romains sans aucune exception, mais sous les empereurs, l'indépendance et la fièreté qui caractérisent toujours un peuple libre, ayant fait place à la plus abjecte servitude, les prolétaires abandonnèrent la toge, qui devint peu à peu l'apanage exclusif des personnes d'une haute distinction.

La toge, comme on doit bien le penser, était un vêtement d'apparat, on ne le prenait que pour se montrer en public, dans l'intérieur des maisons on le quittait.

Sous cette toge, on portait une tunique de laine également blanche, mais courte, étroite, le plus souvent sans manches et descendant à peine jusqu'au genou. Quand on allait en visite, on serrait cette tunique autour du corps avec une ceinture, cette ceinture tenue un peu lâche annonçait un homme efféminé et de mœurs corrompues; on y plaçait des pièces de monnaie et on y passait un poignard.

Les gens du peuple ne portaient que cette seule tunique; les gens riches en avaient une seconde qui leur tenait lieu de chemise et qui était de lin. On poussait si loin le luxe qu'on mêlait des tissus d'or dans la trame de cette camisole ce qui, comme on doit bien le penser, devait beaucoup gêner, mais quelles tortures ne fait pas endurer le désir de briller par la somptuosité de ses vêtements?

Pour se garantir des rigueurs de l'hiver, on se couvrait d'une sorte de manteau de contexture grossière, et que l'on désignait généralement sous le nom de Lacerna. Ce manteau avait en outre un capuchon qui enveloppait toute la tête et couvrait les épaules. Pour voyager, on prenait le pœnula, vêtement plus court, plus étroit et mieux fermé que la toge, sorte de fourreau ordinairement de cuir et qui emprisonnait tout le corps.

Dans les premiers temps de la république, la chaussure des Romains était d'un cuir sans apprêt, et formait une sorte de brodequins qui enveloppaient une bonne partie de la jambe. Plus tard, on adopta la sandale, chaussure qui était plus en harmonie avec la sévérité des autres parties du costume. Les valétudinaires et les vieillards se couvraient les jambes avec des bandelettes d'étoffe, qu'ils assujettissaient avec des cordons de laine, ou des lanières de cuir.

La richesse de l'étoffe ou la forme du vêtement distinguaient moins le citoyen romain, que le goût et les prétentions qu'il apportait dans l'arrangement de la toge et le nœud de la ceinture. Les gens de la classe aisée avaient le bas de leur tunique brodé; leurs sandales étaient peintes en jaune ou en rouge, et souvent parsemées de paillettes d'or.

Les Romains avaient un costume spécialement affecté à chacun des âges de la vie. Jusqu'à 17 ans les jeunes gens portaient la robe dite prétexte, qui était blanche, et sans aucun autre ornement qu'une bordure de pourpre tout autour. A 17 ans ils prenaient la robe virile, nommée libera.

COSTUMES DES FEMMES ROMAINES.

Les femmes comme les hommes portaient la toge de laine, voyez fig. 2, agencée de la même manière; le bras droit restait libre, le bras gauche soulevait les draperies qui formaient alors une foule de plis (Sinus) pleins de grace et de noblesse. Cette toge fut d'abord commune à toutes les femmes de quelque condition qu'elles fussent, mais plus tard elle fut entièrement abandonnée aux courtisanes et aux femmes de service, précisément le contraire de ce qui eut lieu pour les hommes.

Pour voyager, les femmes se couvraient d'une sorte de mante nommée pœnula, qui croisait sur la poitrine et qui était beaucoup plus courte et plus étroite que la toge. Elle était de laine et souvent même de peau. Elles avaient en outre un manteau nommé palla, qui leur était propre et qui était plus long que la pièce du costume dont nous venons de parler.

Les Romaines portaient une tunique semblable pour ainsi dire à celle des hommes pour la forme et l'étoffe; le plus souvent elle n'avait pas de manches ou bien elles étaient fort larges et ne couvraient que la partie supérieure du bras. Dans les beaux jours de la république, les femmes s'enveloppaient de telle manière, qu'on ne leur voyait en quelque sorte que le nez , voyez fig. 3; mais bientôt elles voulurent faire étalage des dons qu'elles avaient reçus de la nature; les tuniques furent décolletées de manière à laisser voir les épaules et la naissance des seins; les manches furent soigneusement retroussées jusqu'à l'épaule avec des agraffes. La ceinture, nommée zona, servit d'abord à maintenir la tunique, mais dans la suite elle cessa de servir à cet usage spécial et ne fut plus guère qu'un objet de luxe.

Les Romaines étaient tenues de porter leurs tuniques fort longues sous peine de paraître malhonnêtes. Elle a l'air d'un centurion (1) (voyez fig. 4.) disait-on d'une femme en tunique courte. Ce vêtement s'ouvrait sur les côtés comme les chemises d'hommes de nos jours, ou bien encore comme les robes des filles de Sparte qui laissaient leur cuisse à découvert. Il était de fort bon genre de relever en marchant , à la hauteur de la main, les lais de la tunique du côté droit, de manière à ce que tout le bas de la jambe restât visible. Les dames romaines avaient trouvé le moyen de remédier aux inconvénients d'une jambe trop grêle, en dérobant ce défaut sous plusieurs enveloppe d'étoffe, posées comme le bandage d'une saignée.

Le costume des Patriciennes était beaucoup plus recherché et beaucoup plus compliqué que celui des simples citoyennes. Sur la tunique ordinaire elles en portaient une autre à manches, sorte de pardessus, nommée stalla qui descendait jusqu'à terre, et dont les bords étaient garnis de franges ou de bandes d'étoffes d'or. Cette robe était destinée à distinguer les femmes d'une noble extraction de celles de la classe moyenne; elle traînait à terre, la queue ornée de pourpre qui ordinairement était portée par une esclave.

Le vêtement nommé Stala était fait d'une étoffe rayée, il était exactement fermé jusqu'à la ceinture, et s'ouvrait par en haut, de manière à laisser apercevoir la tunique de dessous et la ceinture.

La pièce la plus remarquable du costume d'une patricienne, était le manteau, dont la queue excessivement longue, se détachait du corps, depuis les épaules où il était fixé par une chaîne ayant des agraffes, des pierreries ou des

____

(1) Les Centurions étaient des officiers de l'armée qui, pardessous la cuirasse, portaient une tunique, sorte de jupon qui ne descendait qu'au genou.

camées. La partie supérieure de ce manteau reposait communément sur l'é-
paule et le bras gauche, afin de laisser plus de liberté au bras droit que les
hommes et les femmes laissaient toujours à découvert. On croit que la forme
de ce manteau était exactement carrée. Son fond était pourpre, ses ornements d'or et d'argent; l'usage s'en introduisit sur la scène, les actrices ba-
layaient le théâtre avec leurs longues queues, nommées Syrma.

Les femmes portaient toutes un petit corset ou bandelette de pourpre nommée Strophium, un mamillaire, qu'elles posaient à nu sur la peau, comme
les femmes grecques, il ne fut d'abord employé que par celles qui avaient besoin de donner à leur gorge une forme plus prononcée, et d'étayer leurs
charmes surannées, mais avec le temps il fut adopté par les jeunes filles
même, et on prodigua toutes les ressources du luxe à cet ajustement féminin.

Elles se chaussaient avec des souliers ou sandales; qui montaient jusqu'à
mi-jambe, ouvertes par devant depuis le coude-pied, et assujetties au pied,
par des bandelettes d'étoffe ou de cuir, ce qui faisait de cette chaussure une
sorte de brodequins à jours. Il fallait, pour être coquettement chaussée, que
le dessus des sandales fut extrêmement serré, propre et bien tendu : Ovide
recommande beaucoup à sa maîtresse de ne pas porter une chaussure trop
large. La pointe en était recourbée; au lieu de cuir on employait quelquefois
les pellicules ou membranes de certains arbres; les jeunes filles de la campagne se faisaient souvent des sandales avec des genets ou du jonc. La chaussure des Patriciennes était loin d'avoir cette simplicité : elle était surchargée
de broderies et de lames d'or, quelques antiquaires prétendent même, que
dans certaines circonstances, les semelles étaient d'or massif. Plus tard on les
garnît de pierreries; le dessus, les bords, les talons, tout en était couvert.
Cette chaussure avait généralement un fond blanc; en guise de bas, on enveloppait le pied de bandelettes de lin teintes en rouge, les élégantes s'en pro-
curaient de si fines, qu'elles produisaient le même effet que des bas bien ti-
rés, les bouts de ces bandelettes formaient des espèces de jarretières qui se
nouaient à la naissance de la cuisse. Les courtisanes et les comédiennes se
servaient de semelles de liège pour se grandir la taille. Dans l'intérieur des
maisons on quittait ces sandales pour prendre de légères pantoufles : la couleur rouge de ces pantoufles indiquait les courtisanes de profession, qui
avaient en outre un croissant ou un C brodé sur leur chaussure.

La laine et le lin furent d'abord les seules étoffes employées chez les Romains; la soie ne s'introduisit que fort tard. Tibère lança un Senatus-consulte
contre les habillements de soie. Ce ne fut guère que sous Néron que les Romaines commencèrent à porter des étoffes de soie, encore étaient-elles d'un prix
excessivement élevé. L'usage de la soie donna naissance à des étoffes tellement transparentes qu'elles laissaient pour ainsi dire le corps à nu, et contre
lesquelles les philosophes tonnaient sans cesse.

Sous la république, la couleur blanche était affectée aux femmes, mais dans
la suite elle parut trop monotone, et on choisit les couleurs les plus propres
à rehausser l'éclat de la parure; la variété devint l'âme des modes et du
luxe. Le noir, dit le galant Ovide, convient aux blanches; le blanc aux bru-
nes; la couleur pourpre, le bleu de ciel, le vert étaient les couleurs les plus
à la mode.

Bientôt aussi, on ne se contenta plus de montrer une main blanche et déli-
cate, on surchargea les doigts d'anneaux et de bagues. Les colliers et les bracelets se multiplièrent dans les mêmes proportions et plus d'un magistrat
devint concussionnaire, pour alimenter les caprices et la toilette de son épouse,
ou de sa maîtresse.

Rien n'était curieux et compliqué comme la toilette d'une dame romaine, c'était un arsenal complet d'instrumens de toute espèce, propres à rehausser les charmes naturels, et à captiver les hommes les plus indifférents en matière d'amour. A peine sortie des bras du sommeil, la dame romaine se faisiat porter dans son bain puis à sa toilette. là, assise devant un miroir d'acier, elle se livrait aux soins d'une foule d'esclaves, attentives à ses moindres ordres, à ses moindres gestes. Elle employait tour à tour, la craie et la céruse, pour réparer les outrages du temps ou les ravages de la débauche. Elles auraient pû donner à nos coquettes les plus raffinées, des leçons sur l'art de rivaliser avec la nature ; elles connaissaient des cosmétiques inconnus de nos jours ; chez nous, on ne peut combler les rides que les années creusent sur le visage ; à Rome, on savait le boursouffler et lui rendre, sinon sa fermeté, du moins son poli. On n'ignorait pas plus que chez nous, l'usage des peignes, des épingles, des aiguilles, des chainettes d'or, anneaux, pendants d'oreilles en perles ou en ivoire, faux cheveux en tresses, en nœuds, en boucles étagées. Mais c'était surtout dans la composition des fards et des cosmétiques que les femmes romaines se distinguaient. L'aimable Ovide s'est chargé d'apprendre à la postérité la recette d'un fard qui était fort en vogue de son temps parmi les dames de la plus haute condition. « Prenez de l'orge, dit-il, de
» l'orge venu de Lybie, enlevez soigneusement la paille et la péllicule,
» ajoutez-y pareille quantité d'orobe, (plante qui donne une farine résolu-
» tive), détrempez ce mélange avec des œufs, faites sécher et broyez le tout,
» jettez-y de la poudre de corne de cerf et quelques oignons narcisse pilés ;
» puis joignez encore de la gomme et de la farine de froment de Toscane, en-
» fin, liez le tout avec du miel. »

Ce cosmétique nettoyait le visage et lui donnait le poli du miroir. L'histoire rapporte que ce fut à l'aide de ce cosmétique, que la fameuse Agrippine, mère de Néron, prolongea long-temps le règne de ses charmes, en dissimulant les rides de son visage. Pour se rafraîchir la peau, les femmes faisaient aussi usage des grains rouges, d'une certaine vigne sauvage qu'on pilait avec sa feuille ; la liqueur qu'on en retirait conservait le teint. L'encens avait également, selon les dames Rome, la vertu de faire disparaître les taches de rousseur ; on se lavait aussi le visage avec des pavots écrasés dans de l'eau fraîche.

Sabella, célèbre petite maîtresse, se donnait de l'embonpoint, en se faisant de fréquentes frictions avec de la mie de pain, trempée dans du lait d'anesse. Poppée, autre coquette, se faisait toujours suivre d'un troupeau d'anesses, afin de se procurer, à toutes les heures de la journée, un cosmétique frais et onctueux. Elle prétendait conserver sa beauté, en s'appliquant sur le visage un cataplasme de seigle bouilli dans du lait, sorte de masque qu'elle ne déposait que pour paraître en public. Ses lèvres étaient couvertes d'une espèce de glu, afin d'empêcher que le grand air n'en ternît l'incarnat. Les dames romaines se teignaient toutes les parties visibles du corps ; les joues en rouge, les cheveux en blond roux, les sourcils en noir. Les femmes, dit Lucien, dans un passage où il a mis peut-être un peu d'exagération, les femmes dissipent en beaumes et en essences toute la fortune de leurs maris, et en approchant d'elles, on croit être transporté au milieu des parfums de l'Arabie heureuse.

On connaissait aussi l'usage des dents fausses : un poëte de Rome dit à une coquette, « ne marche point, ne ris point quand il fait un peu d'air, le zé-
« phir pourrait bien t'enlever tes dents et tes cheveux. Quel dommage ajoute-
« t-il, qu'on ne puisse t'acheter des yeux.

Les dames romaines n'ignoraient pas plus que nous toutes les ressources qu'offre aux belles l'art du coiffeur. Les artistes de Rome savaient aussi bien que nous, et mieux que nous, peut-être, réparer adroitement les ravages de l'âge ou des passions, ou rehausser l'éclat de la beauté, en appelant à leur aide toutes les ruses les plus ingénieuses.

Jusqu'à l'empire, les dames romaines conservèrent assez de simplicité dans la manière de se vêtir et de se coiffer. Elles se contentaient de relever les cheveux sans les nouer, et elles en formaient une torsade qui régnait tout autour de la tête. Ce bourrelet, retenu par une bande étroite, faite avec de l'écorce de tilleul, était très commode pour placer les couronnes dont les dames ornaient leur tête pendant les sacrifices et aux jours de fête. Les vestales étaient les modèles que les matrones affectaient d'imiter, avec cette différence pourtant, qu'elles ne cachaient pas entièrement leurs cheveux sous le voile qni était alors de rigueur. Mais bientôt le goût de la parure s'introduisant avec le luxe, on dédaigna cette belle simplicité des beaux jours de la république, et la coiffure varia à l'infini. La nation romaine étant essentiellement guerrière, la coiffure des femmes en subissait l'influence, et avait généralement la forme d'un casque. Les femmes employaient tant d'essences, que les parfumeurs d'Alexandrie ne pouvaient suffir aux exigences du beau sexe. Les parfumeurs et les épiciers d'Antioche et d'Alexandrie avaient multiplié cet objet de luxe jusqu'à l'infini. Deux productions de l'Inde, la racine d'un arbuste nommé costum, et la feuille du spicanardus, étaient les ingrédiens les plus ordinaires et les plus précieux de ces parfums, auxquels par toutes sortes de modifications et de raffinements imperceptibles, les marchands à la mode, donnaient souvent des noms nouveaux, au point qu'un médecin de cette époque, Triton, qui a écrit un ouvrage sur l'art de la toilette, compte jusqu'à 25 parfums différents. On avait à Rome une singulière manière de parfumer les cheveux avec des spiritueux. L'esclave chargée de ce soin, et qu'on nommait Psécas, s'emplissait la bouche de ce parfum liquide, et le lançait en l'air, afin qu'il retombât en rosée sur les cheveux, qui conservaient alors pendant toute la journée une douce odeur d'ambroisie. Plus tard, les femmes de Rome placèrent dans leurs cheveux des perles et des pierres précieuses, surtout des pierres de couleur. Pline nous apprend que l'usage des perles ne prit naissance que du temps du célèbre Sylla.

Chaque conquête faisait connaître aux Romains avides de nouveautés, différentes manières de tresser ou de friser les cheveux. Mais rien n'apporta dans la coiffure plus de variation que l'asservissement des peuplades de la Germanie; on apprit alors à imiter les nœuds et à faire de larges tresses; mais alors aussi, il fallut recourir aux faux cheveux. Il s'établit à Rome des marchands qui ne faisaient que cette espèce de commerce. Suivant Othon Sperling le jeune, les dames romaines paraissaient rarement en public avec leurs cheveux naturels, mais presque toujours la tête couverte d'une chevelure artificielle. L'opinion de cet auteur, est peut-être un peu trop exclusive; mais on sait que du temps d'Ovide, l'usage des cheveax postiches était devenu si commun, qu'il osa dire que Pallas ayant pris la figure d'une vieille femme, se couvrit les tempes de cheveux blancs pour se rendre chez Arachné. C'étaient les Germains qui fournissaient aux dames romaines les plus beaux cheveux à leur goût, parce que ces cheveux étaient généralement blonds, et que la couleur blonde étaite le plus à la mode. Offrir des cheveux allemands à une matrone, ce n'était pas lui faire un médiocre présent. Ovide console sa maîtresse, devenue chauve, en lui disant qu'il y avait encore des cheveux allemands.

Quelques auteurs prétendent même, que ce ne fut qu'à partir de l'introduction des perruques à Rome, que la coiffure des femmes devint aussi artistement compliquée, parce que, disent-ils, les coiffeurs avaient tout le temps nécessaire pour les composer, et qu'on ne les mettait que pour se montrer en pubic. Il fallait avoir une remarquable habileté pour élever des édifices aussi compliqués, aussi élégants, pour ne pas s'égarer au milieu de ces dédales, où l'œil, même le mieux exercé, a beaucoup de peine à suivre une natte dans ses sinuosités, une bandelette dans ses nombreux détours. Il est vrai de dire aussi, que les coiffeurs et coiffeuses de Rome étaient considérés par les lois comme de véritables artistes. Les ateliers des coiffeurs de cette époque étaient bien différents des nôtres; ils ne coupaient pas les cheveux, ils ne vendaient pas de perruques, ils se contentaient d'instruire les esclaves et de coiffer les patriciennes lors des grandes solennités. C'était aussi chez eux qu'on trouvait les bosses et les statues de plâtre; et lorsqu'un statuaire était chargé de faire un buste, il leur abandonnait l'arrangement de la chevelure, parce qu'ils entendaient parfaitement bien cette partie, et savaient l'accommoder aux caractères des personnages. Voilà pourquoi, sans doute, les statues des femmes que nous a légué l'antiquité, sont coiffées avec tant d'art et de grâce.

Les matrones employaient quatre esclaves à la confection de leurs coiffures, outre Psecas, dont nous avons déjà détaillé les fonctions, Calamist, arrangeait les cheveux des tempes et ceux du front, avec un fer rond, (calamistrum). Cypassis, quand les cheveux étaient bien peignés et bien parfumés, tressait ceux du derrière de la tête, et leur donnait diverses formes, suivant les caprices de la mode, ou ceux de sa maîtresse; c'était à elle aussi qu'était confié l'écrin qui renfermait toutes les épingles à têtes. Enfin Napé, la plus adroite des coiffeuses, mettait la dernière main à l'ouvrage de ses compagnes. Elle était instruite dans toute la théorie de la coiffure, et savait très bien la mettre en harmonie avec les traits du visage, la forme de la tête et le reste de la parure; il y en avait une cinquième, nommée Latris, qui était chargée de présenter le miroir d'acier poli.

Pour compléter le tableau que nous venons de tracer de la coiffure romaine, il nous reste à dire quelques mots sur les différents genres de coiffures que portent les impératrices, dans la collection des douze Césars; chacune de ces princesses ayant été l'expression de la mode de son époque, il ne restera plus aucun doute à cet égard dans l'esprit de nos lecteurs.

La première qui se présente à nos yeux, est Pompéia, (Voyez fig. 8), épouse de Jules César: sa coiffure est médiocrement basse, composée de tresses, que nous connaissons aujourd'hui sous le nom de circassiennes, entre-mêlées de fils de perles; elle a la forme d'un casque, plusieurs pointes de cheveux s'échappent par derrière, et quelques mèches frisées garnissent le front et les tempes.

L'épouse d'Auguste, Drusille (Voyez fig. 7), a une coiffure dont l'arrangement des cheveux par devant, a une ressemblance avec le diadème des grecques, quant au chou par derrière, il a la forme d'un casque; ce sont des tresses entremêlées de pointes frisées, provenant des cheveux de devant.

Agrippine, femme de Tibère, a le front garni de boucles légères, semblables à celles que porta, depuis, Madame de Sévigné, moins toutefois, l'ampleur des côtés qui n'est pas assez considérable pour cacher les oreilles. Cette coiffure est composée de trois tresses qui forment un enlacement très compliqué, avec une mèche lisse; son ensemble a l'aspect d'un casque.

L'épouse de Caligula, porte sur le devant de la tête un triple rang de

marrons ou anneaux courts, faits au calamist (fer rond). Ces frisures prennent d'une oreille à l'autre, sans cependant les cacher ; les cheveux par derrière sont tressés et disposés en couronne qui fait le tour de la tête et touche
les boucles.

L'impératrice OElia, (Voyez fig. 6), femme de Claude, a une boucle ondu-
leuse sur le milieu du front, sur cette même boucle est posé un demi-cercle
ou diadème grec, où brillent la perle et le rubis ; sur ses tempes flottent de
légères mèches frisées en spirales, et son cou est recouvert d'une masse de
tirebouchons flotrans. Audessus des racines de ces mèches frisées, se trouvent
deux tresses posées à plat et en croix, et audessus de ces tresses s'enlacent
deux fortes masses lisses, formées avec les pointes des cheveux de devant, et
consolidées avec un fil de perles passé à travers.

Lapida, femme de Galba, a des racines droites à la chinoise ; un rang de
perles sur le front, ses cheveux tressés à partir des tempes, vont s'élancer à
un chou de tresses et de coques placé sur le derrière de la tête, et d'où s'é-
chappe un long fil de perles qui tombe sur le cou.

La mère de l'empereur Othon, (Voyez fig. 2), Albia Terentia, porte sur les
tempes une foule de trèspetits crochets ; elle a sur la tête une riche résille (1),
dont la monture encadre le visage. et est garnie d'un triple rang de perles.
Ses cheveux formant chou sur le derrière de la tête, sont enveloppés d'un pan
d'étoffe, dont le bout flotte sur le dos.

Pétronnie, épouse de Vitellius, (Voyez fig. 6), a une coiffure assez élevée
par derrière, composée de cinq coques en nattes et d'une lisse; par devant
elle a une foule de cheveux frisés sur le milieu du front. Les cheveux des
tempes qui forment une masse onduleusement roulée, vont se perdre au pied
du chou. Uue épingle d'or traverse sa coiffure.

Flavie, épouse de Vespasien, serait coiffée tout à fait dans le style de madame
de Grignan, si ce n'était un bracelet qui vient garnir le devant de la tête.

L'impératrice Martia Fulvia, femme de Titus, dont la blonde chevelure est
parsemée de perles et de rubis, porte une touffe pressée sur le front, par derrière se trouve un chignon entre-coupé de plusieurs masses de tresses.

Le visage de l'impératrice Domitia, femme du célèbre Domitien, (Voyez la
fig. 14),est encadré d'un cercle de boucles courtes,d'où s'échappent des perles
montées sur tiges. Sur le milieu du front se trouve une petite coque lisse derrière laquelle est un bijou monté sur tige, semblable aux épingles métalliques
de nos jours. Plusieurs tresses s'enlacent par derrière, c'est-à-dire que les cheveux ne partent pas tous de la ligature, qu'il y en a au contraire, en avant et
sur les côtés de la tête, qui sont tressés jusqu'aux racines, et qui se dirigent
en arrière pour concourir à la composition du chou. Au sommet de la coiffure est attachée une écharpe, qui fixée d'abord par le milieu, à l'aide d'un
camée, laisse flotter de longs bouts qui viennent encore passer dans les nattes, puis retomber sur les épaules, à l'instar des barbes de dentelles que l'on
portait dans les coiffures de cour, sous Nopoléon, et même sous Louis XVIII
et Charles X. Plusieurs perles ovales, montées sur tiges, sont placées dans les
cheveux et augmentent encore l'éclat de cette coiffure remarquable, dont l'ensemble nous rappelle celles que l'on faisait sous le consulat de Bonaparte.

Au temps d'Ovide, et d'après le conseil donné par ce poète, les femmes
qui avaient le visage rond portaient le *Nadus*,(Voyez fig. 9).

Messaline, coiffée en tresses par derrière, porte un diadème, que recouvrent en partie les cheveux des tempes.

(1) Cette figure n, 2 , porte une coiffure du même genre.

Le hasard ne présidait pas à l'emploi des épingles dont nous avons parlé, chacune d'elles était un emblême, aussi, lorsque la coiffeuse favorite se disposait à arranger la tête d'une matrone, avait-elle grand soin de lui adresser tout bas cette qustion : « Quelle épingle dois-je mettre dans tes cheveux?» Il n'en est pas de même chez nos petites maîtresses qui posent indistinctement une épingle italienne ou une flèche.|

Les Romaines qui empruntèrent aux Grecques plusieurs parties du costume, avaient adopté généralement, pendant un temps du moins, leur triple rang de bandelettes pourpres, et leur gracieux réseau. Un ornement qui se trouvait dans la majeure partie des coiffures, était un long ruban qu'on entrelaçait avec les cheveux pour former des coupures à effet. Les plumes d'autruche, mais de petite dimension, furent aussi portées pendant quelque temps; mais rien ne fut de meilleur goût, pour les grandes parures, que la couronne de fleurs de *Lotos*. Le diadême, cet ornement si grave qui était la marque distinctive des impératrices et qui avait été aussi emprunté aux grecs, était aussi porté, mais avec plus de simplicité par les patriciennes et les matrones.

Nous avons dit que la couleur blonde était très estimée à Rome ; pour en réhausser encore l'éclat on se poudrait les cheveux avec de la poussière d'or. En 1834, mansieur Croisat, voulut faire revivre cette mode, de poudrer les cheveux avec de la poussière d'or ; il fit paraître une coiffure de ce genre dans le journal le Petit Courrier des Dames, coiffure qui fixa à tel point l'attention des élégantes, que plusieurs d'entr'elles adoptèrent la poudre d'or : le succès de cette mode était infaillible, mais elle avait malheureusement un grand inconvénient : la poudre se détachait des cheveux quand on se livrait aux mouvements impétueux de la danse ou du galop ; cet ornement de tête pouvait très bien convenir à une grave matrone, qui ne sortait jamais qu'en palanquin, et qui se faisait porter au cirque ou au temple ; mais il ne convenait pas à nos pétulentes petites maîtresses, pour qui le repos et la gravité sont de véritables supplices.

Sous l'empire, les Romaine poussèrent jusqu'à l'excès la passion de la paparure et des bijoux. Leurs boucles d'oreilles étaient de perles, de pierres précieuses montées en or émaillé ; elles portaient un grand nombre de bagues, tous les doigts en étaient garnis, excepté pourtant celui du milieu ; et, par un rafinement de luxe, elles en avaient de légères pour l'été et de plus pesantes pour l'hiver. Elles poussaient si loin l'amour des pierreries, que lorsqu'Agrippine fit périr la célèbre Loliia, Pauline en trouva, chez cette dernière, pour plus de trois milions. Ce goût pour la parure n'existait pas seulement chez les patriciennes, on voyait des plébéiennes porter des carcans d'argent au bas de leurs jambes, et mêler à leurs coiffures des chaînettes d'or, avec des cigales de même métal.

COIFFURE ET BARBE DES ROMAINS.

Les Romains portaient tous les cheveux courts, (Voyez fig. n. 1); dans la collection des douze Césars, que nous avons citée plus haut, on ne voit pas un seul empereur avec des cheveux longs, ni même médiocrement longs. Quelques uns d'entr'eux, ont le front ceint d'une couronne de laurier ; Jules César, fut le premier qui en porta une, pour dérober aux regards du public sa calvitie, défaut physique auquel il était excessivement sensible ; dans la suite, la couronne de laurier devint l'emblême de l'autorité impériale. Aucun des empereurs de cette collection ne porte de barbe, le seul, Auguste, a de petites moustaches, mais son menton est rasé. On ne doit pourtant pas conclure que la barbe n'était pas de mode chez les Romains, puisqu'au Musée on remarque des têtes d'empereurs et d'autres Romains avec la barbe courte et touffue comme dans la fig. 4. Pline nous apprend que ce ne fut que l'an 450 de la fondation de Rome, que l'on fit venir des barbiers de Sicile, et qu'avant cette époque les Romains ne connaissaient pas l'usage de se raser.

Ces barbiers avaient acquis à Rome, une certaine importance : c'était chez eux que les citoyens allaient, non seulement se faire faire la barbe, mais encore les ongles et les cheveux. C'était surtout dans cette dernière partie que les barbiers excellaient : Les plus habiles avaient cinq manières différentes de couper les cheveux aux hommes, aussi lorsqu'on entrait chez eux, était-on certain de s'entendre adresser cette question : « De quelle manière veux-tu que je te coupe les cheveux (1) ? Brackmann et Schneider fournissent des documents qui établissent d'une manière positive que les Romains se coupaient les cheveux longtemps avant de se raser le menton. Les personnes de distiction avaient des esclaves barbiers, mais il fallait être libre pour former des établissements de la nature de ceux dont nous avons parlé plus haut. Lucien nous apprend que les barbiers avaient un grand nombre de rasoirs ; la coupe de cheveux la plus élégante, au dire de Pollux, était celle faite avec un rasoir ; ils savaient aussi épiler, teindre les cheveux. La serviette dont ils se servaient pour essuyer le visage des pratiques, était de lin non roui et velu comme la peluche. Un poême très plaisant de *Phanias*, qui contient l'énumération de l'attirail du barbier, parle d'un morceau de feutre, reste d'un vieux chapeau, qui servait à repasser les rasoirs.

A Rome les hommes connaissaient aussi bien que les femmes l'usage des cheveux postiches. Ce n'était pas seulement, comme chez nous, pour cacher la calvitie, mais aussi pour se déguiser, surtout lorsqu'ils se rendaient dans de mauvais lieux. Dion, Cassius et Suetone nous apprennent que Néron ; Héliogabale et Caligula se convraient la tête d'une perruque quand ils allaient dans des lieux de débauche. On en doit donc conclure que pour que des personnages aussi distingués pussent se rendre inconnus par le moyen de ces perruques, il fallait qu'elles fussent faites avec assez d'art pour ressembler à des cheveux naturels. Le poète Flavius avait racontez dans ses fables l'histoire d'un chevalier romain, à qui le vent enleva sa perruque, au beau milieu d'une revue, au grand plaisir des autres chevaliers qui n'épargnèrent pas les plaisanteries à leur infortuné compagnon d'armes.

Telle est en résumé l'histoire du costume des Romains, il y aurait sans doute encore à dire beaucoup de choses instructives et intéressantes sur les mœurs et sur les coutumes de cette nation gigantesque, la plus extraordinaire qui ait jamais existé, mais les dimensions de cet ouvrage sont trop faibles pour entrer dans de semblables détails. Ce serait du reste dévier de la route que nous nous sommes tracée, et nous écarter du but spécial de cet ouvrage, la description du costume et de la coiffure.

______

(1) La figure n. 1 offre la coupe de cheveux des citoyens de Rome, qui consistait à faire sa taille carrément sur le peigne et à couper assez courts avec un rasoir tous les cheveux qui entouraient le front.

PEUPLES DE LA GERMANIE.

Le portrait que nous ont laissé les anciens historiens, des habitants primitifs de la Germanie, est à quelques légères exceptions près, celui qu'on pourrait faire aujourd'hui des peuples qui habitent cette vaste contrée. Ils avaient la taille haute, les yeux bleus, le regard fier et les cheveux généralement d'un blond ardent qu'à Rome on estimait beaucoup; ils affectaient même, lorsqu'ils n'étaient que d'un blond pâle, de les rendre rouges, et pour cela ils employaient une poudre rougeâtre et brillante. C'était chez eux, pour ainsi dire, une ignominie d'avoir les cheveux bruns ou châtains. A l'exception de certaines peuplades qui se rasaient le visage et le menton, les Germains étaient excessivement jaloux de leur barbe ; ce goût se perpétuait encore au septième siècle, car une de leurs lois , en 630, condamnait à l'amende celui qui coupait la barbe à un homme libre sans son consentement.

S'il faut en croire Tacite, ce peuple ne connaissait pas le luxe et n'avait pour tout vêtement que la saie qu'ils attachaient avec une agrafe ou avec une épingle. Les plus riches se distinguaient par un vêtement fort juste au corps, ceux qui habitaient les cantons les plus reculés faisaient usage de fourrures qu'ils affectaient de bigarrer, en y entremêlant des peaux de divers animaux étrangers.

« A beaucoup d'agréments, dit Chambort, les Germains joignaient beau-
» coup de modestie ; leurs ajustements étaient très simples, leurs cheveux
» quelquefois retroussés et noués au dessus de la tête, retombaient de là
» sur les épaules. Une chemise de lin sans manches, et qui descendait jus-
» qu'au gros de la jambe, une robe faite de peaux de divers animaux, en
» forme de saie, faisaient toute leur parure. »

Nous ferons observer ici, comme nous l'avons déjà fait en parlant de plusieurs autres nations, que les monuments qui concernent les Germains, ne sont pas toujours d'accord et impliqueraient souvent les contradictions les plus marquées, si nous considérions les Germains comme un peuple unique et compact, ce qui n'est pas ; car elle comprenait ce que nous connaissons aujourd'hui sous le nom d'Allemagne, la Belgique, la Hollande, les frontières Rhénanes, et presque toute l'Europe du nord, la Russie exceptée. Les peuples de la Germanie, habitant des contrées plus ou moins fertiles, plus ou moins froides, leurs vêtemens devaient subir les mêmes variations. Il est bon en outre de faire observer que les auteurs des monumens qui sont parvenus jusqu'à nous, ont vécu dans des temps plus ou moins reculés, et de plus, que les Germains n'ont probablement pas eu toujours le même costume.

Il régnait donc une grande variété dans le costume des diverses peuplades de la Germanie : dans certaines provinces les hommes ne portaient pour tout vêtement que des anaxyrides ou pantalons, et étaient nus de la ceinture en haut ; d'autres portaient une sorte de manteau semblable à la chlamyde des Grecs, ou une saie serrée autour du corps par une ceinture, et dont les manches fort courtes laissaient apercevoir celles de la tunique qu'ils portaient par dessous ; d'autres enfin, portaient un manteau fourré et à franges, fait de deux pièces, l'une devant, l'autre derrière et agraffé sur les épaules, quelques uns étaient coiffés du carno phrygien,

Le costume des femmes offre la même variété; on en voit sur les monumens, avec une tunique et un manteau, dont elles forment un voile en en ramenant un pan sur la tête; ou bien avec un petit voile et un ample manteau. Celles qui sont représentées sur la colone Antonine, portent toutes une longue tunique qui descend jusqu'à terre et agraffée sur les épaules; le plus souvent cette tunique n'a pas de manches, ou bien alors, elles sont longues, étroites, et se terminent au poignet; elle est ceinte en deux endroits audessous de la gorge et sur les hanches; quelquefois elle est très décolletée, d'autres fois au contraire elle monte très haut. Quelques femmes, par dessus cette tunique, en portent une seconde, mais beaucoup plus courte, et dont les manches ne couvrent que la partie supérieure du bras. Leurs cheveux sont relevés et fixés sur la tête avec un ruban, le reste flotte sur les épaules. Les hommes laissaient croître leur barbe et leurs moustaches, quelques peuplades, les Daces par exemple, faisaient vœu de ne couper leur barbe et leurs cheveux que sur le cadavre sanglant d'un ennemi. Les Lombards, les plus féroces des Germains et qui donnèrent plus tard leur nom à une province de l'Italie, étaient ainsi nommés à cause de la longueur démésurée de leur barbe. Les Suèves dont la plupart habitaient les pays situés entre l'Elbe, la Sala, le Danube et l'Oder, se distinguaient des autres en tordant leurs cheveux et en les nouant sur le sommet de la tête, c'était pour se grandir et paraître plus terribles; les Francs, autre tribut germaine, en faisaient autant.

Les Pannoniens ou Hongrois n'avaient rien de caractéristique, si ce n'est qu'ils se rasaient la tête, ne conservant qu'une seule touffe de cheveux sur le sommet du crâne. On voit sur une médaille publiée par Augustin, deux Pannoniennes vêtues d'une robe fort longue ceinte au dessus des hanches, et dont les manches ne descendent que jusqu'au coude; elles ont un voile long et étroit; l'une d'elles porte une mitre qui fait une forte saillie en avant; l'autre paraît avoir par dessus sa tunique une sorte de mantelet qui ne descend pas plus bas que les hanches.

Les Styriens paraissent avoir été un des peuples les plus civilisés de la Germanie; le costume de leurs femmes est curieux et intéressant à connaître; des médailles, que nous avons sous les yeux, nous en réprésentent une d'entre elles qui portait une coiffure large et festonnée, placée en arrière afin de laisser voir les cheveux de devant qui étaient ramenés vers le derrière de la tête; à cette coiffure pendait un long voile, par dessus une veste étroite à raies horisontales comme des brandebourgs; elles portaient un ample manteau orné d'une sorte de collet qui ressemble à un fichu. Une autre a les cheveux simplement ramenés en arrière, et n'est vêtue que d'une ample draperie ou robe flottante, qui ne paraît avoir qu'une seule ouverture pour passer la tête; de chaque côté de la poitrine sont des agraffes qui forment des plis assez gracieux. Une troisième styrienne est coiffée d'une sorte de bonnet de forme évasée et festonné, d'où pend un voile, elle n'a pour vêtement qu'un ample manteau qui laisse une partie de la gorge à nu. Une cinquième enfin, a les cheveux longs, relevés en arrière et flottant sur les épaules, sa tunique a des manches qui se terminent au coude et qu'un bouton relève vers le milieu du bras.

Sur un autre monument on voit une femme styrienne qui porte une coiffure à côtes de melon, comme un bourrelet d'enfant, et une seconde coiffée d'une espèce de turban.

Il est pourtant plus que probable que le luxe finit par s'introduire en Germanie, et qu'il fit même de grands progrès ; nous voyons en effet que lors de la conquête de ce vaste pays par les Romains, il s'opéra dans Rome une véritable révolution dans la coiffure des femmes. Alors dans la capitale du monde, il ne fut plus question que de coiffures germaines, c'était un véritable engoûment pour les vaincus. Le plus beau cadeau que firent à leurs maîtres les nouveaux sujets, ce fut le grand nombre d'esclaves qui possédant au plus haut dégré l'art de tresser les cheveux, (1) leur apportèrent plusieurs coiffures célèbres et notamment celle qu'on nommait *la Lyre*, et dont Ovide donne la description. A cette époque les cheveux roux étant devenus à la mode, on en faisait venir des masses de la Germanie, et lorsque les coiffures en tresses furent géneralement adoptées par toutes les femmes, il s'établit à Rome des maisons de commerce, où l'on ne vendait que des cheveux germains.

GAULOIS.

On éprouve un sentiment de tristesse et d'effroi quand on parcourt l'histoire du peuple gaulois, de ce peuple puissant et nombreux, qui nous apparaît comme une ombre gigantesque dans la nuit des temps. Si nous le suivons dans les diverses phases de sa carrière, nous le voyons, sous la conduite de ses Brennes intrépides, descendre comme un torrent l'Italie, ébranler la puissance romaine encore mal affermie sur ses bases, et couvrir de ses ramifications presque toute l'Europe, quelques contrées de l'Asie et même de l'Afrique.

Courageux et fiers, les Gaulois ne se plaisaient qu'au milieu des camps, combattre était leur passion favorite; ils consacraient aux plaisirs les courts instants de loisir que leur laissait la guerre. Leur caractère était un mélange de légéreté, de cruauté et de supertition; ces défauts étaient pourtant compensés par de belles qualités; ils étaient hospitaliers, compatissants et d'une intrépidité telle qu'ils ne craignaient rien, disaient-ils, si ce n'est que la voûte du ciel ne tombât sur eux. Ils avaient quelques villes fermées, mais en général ils n'habitaient que de pauvres bourgades, composées de quelques centaines de huttes misérables. Le respect qu'ils avaient pour les anciens usages et les coutumes nationales, aussi bien que leur paresse excessive, furent les causes principales qui les maintinrent dans cette profonde barbarie où ils restèrent jusqu'à l'invasion romaine, bien qu'ils eussent cependant de fréquentes relations avec des peuples civilsés. Plusieurs auteurs nous les représentent comme de véritables géants, et cette assertion est encore corroborée par les squelettes humains trouvés dans la Gaule celtique, et qui n'ont pas moins de deux mètres vingt centimètres de hauteur. Comme les Germains leurs voisins, ils avaient le regard farouche, la peau d'une extrême blancheur, les yeux bleus, les cheveux blonds ou roux, des traits nobles et réguliers, et généralement

(1) Les coiffeurs allemands de nos jours et même les allemandes possèdent encore si bien ce talent, que nous appelons coiffures allemandes toutes celles où les tresses difficiles jouent le principal rôle.

GAULOIS.

une belle carnation. Ce à quoi ces peuples tenaient essentiellement, c'était d'inspirer par leur présence de la terreur à leurs ennemis ; aussi adoptèrent-ils une certaine manière de s'arranger les cheveux qui donnait à leur physionomie un air dur et farouche. Pour cela, (Voyez fig. n. 1), ils se rasaient les tempes et le derrière de la tête, jusqu'à cinq centimètres environ au-dessus des oreilles, relevant ensuite les cheveux que le rasoir avait épargnés, ils les nouaient sur le sommet de la tête, les coupaient carrément à 20 ou 25 centimètres de la ligature, et les laissaient flotter au gré du vent.

Par dessus un pantalon large et serré à la cheville du pied, comme ceux des orientaux, (Voyez fig. 2), ils portaient la fameuse saie, espèce de tunique courte avec des manches étroites, et dont la blouse de nos jours peut donner une idée exacte. Les hommes riches avaient en outre un petit manteau carré jeté sur une épaule, une coiffe de peau et des babouches ; en hiver ils portaient une chaussure de liège, et deux peaux de mouton, placées l'une sur le dos et l'autre sur la poitrine.

Le pricipal luxe des Gaulois consistait dans l'ornement du manteau ; ils y plaçaient des bandes étroites de pourpre, disposées de manière à former une multitude de losanges ; quelquefois aussi, on y voyait briller des bandelettes d'étoffe d'or, et d'autres ornemens plus ou moins précieux.

Ce costume n'était pas uniformément adopté dans toutes les Gaules, il susubissait des variations suivant les diverses localités. Les Atrébates, par exemple, ne portaient qu'une sorte de dalmatique garnie d'un capuchon, quant aux Marseillais fidèles ils avaient conservé la noble simplicité des Grecs leurs ancêtres, ne portaient pour tous vêtemens qu'une jupe qui descendait jusqu'aux pieds, et un long manteau qui, drapé à-peu-près comme la toge romaine, laissait les bras à découvert.

Les Gaulois se rasaient communément la barbe et ne conservaient que d'épaisses moustaches qui couvraient entièrement la bouche, et leur servaient de filtre pour les boissons. D'autres, les habitants de Marseille et de la Gaule méridionale, par exemple, laissaient croître leur barbe et leurs favoris.

Les Gauloises étaient remarquables par la blancheur éclatante de leur teint et la beauté de leur blonde chevelure qui était pour elles le principal ornement. Occupées sans cesse à de pénibles travaux, vivant en quelque sorte au milieu des camps, leur taille prenait un développement trop viril, et leur physionomie quoique belle et noble, était empreinte d'un certain caractère de dureté. Il régnait plus d'uniformité dans leur costume que dans celui des hommes ; riches et pauvres, elles portaient toutes une longue tunique ou robe sans manches, serrée au-dessus des hanches par une ceinture. Les femmes riches ne se distinguaient que par le barriolage des étoffes, la somptuosité de la ceinture, et aussi par une profusion de bijoux, tels que colliers, pendants d'oreilles, chaînes et bracelets, bijoux pour lesquels les femmes et les hommes avaient une grande passion.

Ce vêtement était, comme on le pense bien, trop léger pour l'hiver, aussi lorsque les froids arrivaient, les Gauloises remplaçaient-elles par l'hermine les fines toiles de Tyr et de Carthage, et couvraient-elles d'un manteau semblable à celui des hommes, leurs épaules et leurs bras qui restaient toujours découverts en été. Les femmes de la classe aisée, (Voyez fig. 3), se plaçaient sur la tête une sorte de bonnet de forme triangulaire et évasée, à peu près semblable à celui que portent les militaires polonais, à l'exception que ce dernier est quadrangulaire.

Dans les campagnes les femmes portaient généralement un jupon court, formé de peau de bêtes velues, leur chevelure rejetée en arrière, flottait sur les épaules, et était recouverte d'un voile posé négligemment sur la tête.

Les Druides jouaient le plus grand rôle chez les Gaulois; c'était à eux qu'était confié le soin d'enseigner au peuple la religion, la morale, les sciences et les arts. Ils formaient plusieurs classes; les Eubages faisaient les sacrifices et prédisaient l'avenir, les Causidices interprétaient les lois; tous ces personnages étaient excessivement graves et laissaient croître leur barbe et leurs cheveux. Par dessus la saie nationale, ils portaient une longue robe à larges manches et sans ceinture. Les Druides proprement dits, jetaient pardessus cette robe un grand manteau qui souvent se terminait par un feston dentelé ou par une large bande d'étoffe de couleur.

Dans les temps primitifs, les Gaulois ne formaient point de caste à part, tous les hommes étaient soldats; et soit jactance soit mépris du danger, ils se dépouillaient de tous leurs vêtements quand ils marchaient au combat, et ne se couvraient que d'un bouclier d'osier presqu'aussi grand qu'eux. Ce ne fut qu'après avoir essuyé de nombreux et sanglants revers et avoir arrosé de leur sang une foule de champs de bataille, qu'ils se décidèrent à prendre des armes défensives, dont se couvraient leurs adversaires, c'est-à-dire le casque, la cuirasse et la cotte de mailles.

Plus de deux siècles avant Jésus-Christ, les rois de la Gaule avaient déjà des armures d'une richesse excessive, on préférait surtout les cuirasses d'Autun, les carquois et les arcs de Soissons, et les armures de Reims. Les guerriers portaient sur le cimier de leurs casques, des cornes, des crinières, des têtes hideuses, afin d'inspirer plus de terreur à leurs ennemis. Ils portaient sur la cuisse droite une longue et mauvaise épée, qui ne pouvait porter que des coups de taille, car elle était arrondie par le bout. Leurs autres armes offensives étaient la lance, l'arc, la fronde, la javeline, la massue, la hache et une sorte de hallebarde dont le fer avait quelquefois 35 à 40 centimètres de longueur. Les chefs ornaient leurs armes avec de l'or, de l'argent et du corail.

Après avoir parcouru l'Europe en vainqueurs, saccagé Rome, fondé des colonies dans la Thrace et dans l'Asie, les Gaulois, poussés par l'ambition et la soif des honneurs, tournèrent leurs armes contre eux-mêmes, et épuisèrent en guerres intestines les forces qu'ils n'auraient dû employer que contre leurs ennemis du dehors. Les Romains en surent habilement profiter pour les chasser de l'Italie, et envahir jusqu'à leur territoire. La lutte fut longue et terrible, il ne fallut rien moins pour la terminer, que la présence de César et de ses invincibles légions; les Gaulois retrouvèrent dans cette circonstance leur antique valeur, ils combattirent avec l'énergie que donne le désespoir et l'amour de la patrie, et ce ne fut qu'après avoir perdu plus d'un million d'hommes, qu'ils se résignèrent à courber la tête sous le joug des vainqueurs du monde. Peu à peu ils perdirent leur physionomie nationale, leurs mœurs et leur langage. Le costume subit aussi de grands changements : les grands adoptèrent les modes romaines, mais le peuple conserva sa nationalité et ne voulut jamais abandonner le costume dont nous avons fait la description.

La planche de coiffures romaines qui accompagne cet article et qui forme le complément de ce que nous avons dit sur les Romains, peut donner une idée des modes de cette nation, lors de la conquête des Gaulois, modes qui furent adoptées par l'aristocratie gauloise.

A. F

Coiffures Romaines.

FRANÇAIS.

COSTUMES FRANÇAIS,

SOUS LES ROIS

DE LA PREMIÈRE RACE.

Nous venons d'assister à l'asservissememt des Gaules, franchissons maintenant quelques siècles, nous allons assister à un spectacle à la fois imposant et terrible. Les flots des barbares montent, montent toujours, et se répandent avec fracas sur le midi de l'Europe. L'empire romain agonise, ce n'est déjà plus qu'un cadavre, dont les vautours, accourus du nord, se disputent les lambeaux; sur ses débris vont s'élever de nouveaux états : des peuples jeunes, pleins de force et de vie, descendent fièrement dans l'arène et viennent, l'épée à la main, se créer une nouvelle patrie. Rome a déjà vu les Goths dans ses murailles; l'Espagne est envahie; les Visigoths et les Borguignons se sont rendus maîtres de la plus grande partie de la Gaule qui ouvre encore ses flancs déchirés à des flots d'envahisseurs non moins farouches, ce sont les Francs. Tout change de face alors, tout se métamorphose, gouvernement, mœurs, coutumes, les arts et le commerce que les Gaulois avaient appris à connaître sous la domination romaine, sont anéantis complètement, et la Gaule qui commençait à goûter les douceurs de la civilisation est de nouveau plongée dans la barbarie.

Les Francs avaient plus d'un point de ressemblance avec les peuples qu'ils venaient de soumettre à leur domination ; comme les Gaulois, ils étaient de haute stature, paresseux, cruels, vindicatifs et superstitieux. Comme eux aussi ils ne s'occupaient que de chasse et de combats, et abandonnaient exclusivement aux femmes et aux vieillards les soins du ménage. Chez eux la profession de soldat n'existait pas, la nation entière prenait les armes, et quand la guerre était sérieuse, tout homme capable de manier la pique ou la hache courrait aux combats; les femmes elles-mêmes suivaient leurs époux au milieu des hasards de la guerre, et combattaient au besoin.

Les Francs sortaient de la Germanie, et avaient parconséquent les mêmes mœurs et le même costume que les peuples qui habitaient cette vaste contrée. Quand ils vinrent s'établir dans les Gaules ils portaient un costume semblable à celui des Germains de distinction, c'est-à-dire une sorte de culotte de laine, de lin, souvent même de cuir, qui ne descendait que jusqu'au jarret et qui était excessivement collante ; et une veste ou justaucorps, dont les manches ne couvraient que le haut du bras, (Voyez fig. n.1), qui se boutonnait sur la poitrine. Ce costume ressemblait à celui porté par ces hercules qui paradent dans nos fêtes. Pour compléter ce costume, les Francs avaient adopté un manteau descendant jusqu'à terre par derrière, un peu moins long par devant, et rehaussé sur les côtés pour laisser plus de liberté aux bras. Souvent ils bordaient ce manteau d'une bande de pourpre et le doublaient de fourrures, (Voyez fig. n. 2). Dans le nord, les vêtemens étaient faits avec des peaux velues, ce qui donnait encore un air plus farouche à ceux qui les portaient. Ils se couvraient la tête d'une sorte de mortier, assez semblable au cucullus. Leur chaussure consistait en un soulier couvert, que l'on attachait sur le coude-pied avec des cordons; cette chaussure était généralement excessivement pointue et sans talons. De chaque côté de cette chaussure, ils attachaient d'étroites bandelettes d'étoffe de même couleur que leurs vêtemens, et qu'ils croisaient autour de la jambe en remontant jusqu'à la culotte, ainsi que font aujourd'hui les montagnards écossais. Chez les Francs, les grands dignitaires étaient les seuls qui eussent le privilége de porter la barbe et les cheveux longs; ce privilége fut ensuite exclusivement réservé aux rois et aux princes de la famille royale; quand on voulait les dégrader on leur coupait les cheveux et on les enfermait dans un cloître. L'histoire nous apprend que Clotaire et Childebert, fils de Clovis, voulant se débarrasser du fils de Clodomier leur frère, envoyèrent à Clotilde, qui avait les jeunes princes en garde, des ciseaux et un poignard : la reine mère sentit très bien ce que signifiait cet emblême, aussi répondit-elle, qu'elle aimait mieux voir ses petits-fils morts que tondus.

Les Francs de la classe ordinaire avaient une coutume bizarre qui rappelle celle des Gaulois, ils se rasaient toute la partie inférieure de la tête, et nouaient le reste de leurs cheveux sur le sommet, de manière à ce qu'ils retombassent sur le front. Ce fut seulement sous Clovis que l'on commença à les couper en rond et carrément, un peu au-dessus des oreilles, à-peu-près comme les jeunes gens les portaient en 1838 et 1839. C'est sans doute cette mode qui donna naissance à cette fameuse sébille, dont nous parlent les historiens du moyen-âge, et dont on se servait pour couper carrément les cheveux, coupe qui s'opérait en trois coups de ciseaux. Quant aux guerriers, ils se rasaient la partie postérieure de la tête, laissaient flotter les cheveux des côtés sur les épaules, et les teignaient d'un rouge foncé quand ils se disposaient à marcher au combat, pour se donner un air plus féroce. Les Francs se rasaient la barbe et ne conservaient que de longues moustaches.

Les femmes portaient une longue chemise de lin, serrée autour du corps par deux ceintures, l'une sous la gorge, l'autre sur les hanches; cette chemise qui souvent était bordée de pourpre, laissait presqu'entièrement à découvert les seins et les bras. Celles qui occupaient un certain rang avaient une longue robe, dont le corsage était tout à fait justaucorps et dessinait la forme; à partir des hanches, elle allait toujours s'élargissant, et était par le bas d'une ampleur excessive, c'est-à-dire qu'elle était taillée en pointe comme les chemises de femmes de nos jours. Cette robe avait des manches longues et étroites et son corsage laissait apercevoir les épaules et la naissance des seins. Cette robe avait également deux ceintures : l'une se plaçait au-dessous des seins, l'autre se nouait au bas du ventre, et ses extrémités tombaient jusqu'à terre. Parmi les antiquités du sixième siècle, nous avons remarqué une Clotilde dont nous donnons le costume, (voyez fig. n. 3, planche des Français). Cette princesse, qui portait aussi la robe collante, est représentée la tête ceinte de la couronne royale ; par dessus sa première robe elle en porte une seconde dont les manches ont l'ampleur de celles des femmes chinoises. Un ample manteau jeté sur les épaules est retenu à l'aide d'une chaîne placée sur la poitrine. Cette figure que nous avons reproduite avec la plus grande exactitude, n'a pas sur les tempes de ces tresses qu'on appelle, à tort, coiffure à la Clotilde ; cette femme si célèbre ne portait pas de tresses retroussées sur les oreilles, ses cheveux au contraire, séparés sur le milieu de la tête retombaient en longs rouleaux sur la poitrine, et des bandelettes de pourpre les entouraient. Il est vrai de dire aussi, que les femmes riches de cette époque faisaient des tresses à l'instar des Germaines, mais elles les laissaient flotter sur les épaules et ne les relevaient pas derrière l'oreille, comme le firent, plus tard, Jeanne de Bourgogne et Marguerite de Bourbon.

La chaussure des femmes était semblable à celle des hommes, il en était de même du manteau. Les femmes mariées se couvraient la tête d'une coiffe de laine ou de lin, les jeunes filles allaient nu-tête ; comme les hommes elles teignaient leurs cheveux.

Une statue du sixième siècle nous représente Clovis, le conquérant des Gaules, le vainqueur de Soissons et de Tolbiac, couvert de la toge romaine. Cela ne surprend plus quand on sait que ce prince était si glorieux du titre de consul qui lui avait été conféré qu'il en revêtait les habits dans les grandes solennités. Souvent aussi, on le représente vêtu d'une longue tunique écarlate, serrée autour du corps par une ceinture à laquelle est suspendue son aumônière, et d'un manteau semblable à la chlamyde grecque, agraffée sur les épaules. Sa barbe est longue et touffue, et ses cheveux flottent sur les épaules. (Voyez fig. 4).

En général le peuple Franc connaissait peu le luxe, et faisait autant de cas de l'argent que de l'or ; les grands, au contraire, avaient une passion immodérée pour la somptuosité ; ce fut pour eux une source de violences et de crimes.

COSTUMES FRANÇAIS,

SOUS LES ROIS

DE LA SECONDE RACE.

La période qui suivit l'invasion des Francs fut une période de dévastation, d'abrutissement, de misère et de servitude. Tous ces désordres étaient loin de faire tomber les barrières qui s'élevaient entre les deux races; les Gaulois haïssaient profondément les Francs et restaient attachés plus fortement que jamais à leurs mœurs primitives et à leur ancien costume; les Francs de leur côté, méprisaient les Gaulois et, pour se distinguer d'eux, conservaient fidèlement les mœurs et le costume de la Germanie. Cette période si féconde en événements politiques, ne présentant aucun intérêt sous le rapport de la coiffure et du costume, nous franchissons d'un seul bond les deux siècles qui suivirent la conquête des Gaules par Clovis, pour arriver à une époque de réorganisation sociale, au règne de Charlemagne.

Toutes les dynasties commencent par de grands hommes et finissent par des princes nuls et méprisables; la race de Clovis s'éteignait au sein de la mollesse et de l'opprobre, tous les liens sociaux étaient rompus; le vaisseau de l'état battu par la tempête et privé de pilote, allait périr sans doute, quand Pépin, surnommé le Bref, à cause de l'exiguité de sa taille, s'empara du trône et se fit proclamer roi de France par l'assemblée tenue à Soissons en 752, et fut le fondateur de la 2e race de nos rois. Pépin fut un grand homme, mais sa réputation fut éclipsée par celle de Charlemagne son fils. Ce prince naquit au château de Salzbourg dans la Haute-Bavière en 742; après la mort de son père il fut couronné roi de France, et partagea le royaume avec son frère Carloman; ce dernier étant mort en 771, Charlemagne resta seul possesseur du royaume et, après avoir renversé la monarchie des Lombards, il fut couronné empereur de Rome en 800, et fonda ainsi le 2e empire d'occident.

Le portrait en pied de l'empereur Charlemagne, que nous donnons ici, est imité de celui que les savants Misliez frères ont pris, d'après la mosaïque qui fut faite par les ordres du pape Léon III; ce grand monarque prenait plaisir à se parer du costume national; c'est-à-dire, de celui des Francs du temps de Clovis. (Voyez fig. 4.) Mais dans les grandes solennités , il se revêtait d'un costume d'une somptuosité vraiment orientale: ce costume se composait d'un caleçon ou culotte de pourpre, de souliers ou pantoufles brodées d'or et couvertes de pierreries. Un double *esclavage* montait en spirales jusqu'aux genoux, où de larges jarretières de diamants l'assujétissaient. Sa saie, de couleur pourpre était brodée par le bas jusqu'à mi-jupe, ses poignets et ses épaulettes étaient aussi très richement brodés. Par dessus ces vêtements il portait un manteau impérial doublé d'hermine et brodé en or avec un luxe extraordinaire; ce manteau avait beaucoup de ressemblance avec la chlamyde des Grecs, excepté toutefois qu'il était plus ample et qu'il traînait à terre.

A cette époque, et même longtemps après, la France était divisée en deux

DE CHARLEMAGNE AUX CAPETS.

Seconde Race.

nations bien distinctes, et qui n'avaient ni les mêmes mœurs, ni le même costume. La plus grande partie des Francs s'étaient fixés dans le nord des Gaules; au midi, au contraire les Aquitains et les Provençaux étaient restés fidèles aux mœurs de Gallo-Romains. Ils portaient des saies rayées de diverses couleurs, sous une tunique à larges manches, et le manteau rond des Gaulois; ils portaient aussi un long et large pantalon qui n'était pas en usage dans la Neustrie et la Bourgogne, où on le portait au contraire court et collant.

Quant à la toilette de la tête, elle était arbitraire: les uns laissaient croître toute leur barbe, les autres au contraire se rasaient le menton; les novateurs se coupaient les cheveux carrément à la hauteur du bas de l'oreille; d'autres, plus stationnaires, se les laissaient croître comme les anciens Francs.

Les guerriers portaient un casque orné d'un panache ondoyant, et d'une touffe de crin flottant sur les épaules; une cuirasse, une cotte de mailles, des brassards, des cuissards et des gantelets; en un mot toutes les armes défensives des chevaliers des siècles suivants. Les guerres fréquentes que les Francs eurent à soutenir, finirent aussi par leur faire adopter la saie des Gaulois.

La toilette des femmes, si sévère sous Clovis, devint excessivement coquette et gracieuse, au sein d'une cour où l'on ne respirait que plaisir et volupté on vit bien encore çà et là quelques femmes de distinction demeurer fidèles au costume de Clotilde; mais le plus grand nombre adoptèrent des vêtements brodés et barriolés, et remplacèrent par des chaperons surmontés de plumes, l'humble coiffe que l'épouse du conquérant des Gaules portait sous son bandeau royal. (Voyez fig. 2.) Cette coiffe devient l'apanage des femmes âgées. On recherchait surtout les étoffes de soie, on portait des bracelets, des anneaux, des colliers, on poussa même si loin l'amour du luxe, qu'on mettait plusieurs glands d'or aux extrémités des longues tresses de cheveux.

Le règne de Louis-le-Débonnaire n'exerça sur le costume aucune notable influence. Charles-le-Chauve, qui aimait à l'excès les choses orientales, mit la chlamyde à la mode, et porta une longue tunique, au grand mécontentement de la nation, qui voyait avec peine le chef de l'état abandonner le costume national, et qui garda le grand manteau, la saie et le caleçon, qui s'allongea alors jusqu'au pied. Les femmes de la cour subirent forcément peut-être les goûts du monarque et adoptèrent plusieurs parties du costume oriental. Elles ne laissaient plus tomber leurs cheveux en longues tresses, elles en formaient au contraire des bandeaux droits sur le front, les retroussaient en chou sur le derrière de la tête qu'elles couvraient en partie d'un pan de leur ample manteau.

Jusqu'à cette époque, la chaussure avait été de couleur *arbitraire*, ce ne fut que sous le règne de Charles-le-Chauve qu'on adopta le soulier noir très pointu. Les bas étaient bleus, blancs ou violets.

Ce fut aussi sous le règne de cet empereur que les hommes commencèrent à porter les cheveux courts, à se raser le menton et à ne conserver que de longues moustaches, qui pour la forme étaient exactement semblables à celle des Chinois. Cette dernière mode n'eut qu'une courte durée, de longues qu'elles étaient, les moustaches devinrent courtes et horizontales, puis on les supprima tout-à-fait, enfin dans les 1res années du 10e siècle, on se rasa les joues et on ne laissa croître que les moustaches et la barbe au menton.

Vers la fin du 9e siècle, on vit aussi s'introduire une mode assez bizarre, et qui consistait à plisser les tuniques du poignet au coude et de la ceinture au milieu de la poitrine, à l'instar des Saxons. Les hommes portaient aussi généralement un chaperon haut et pointu. (Voyez fig. 7.)

Nous ne pouvons que répéter ici ce que nous avons déjà dit de la première race de nos rois. Les descendants de Charlemagne, princes sans talents et sans énergie, ne purent maintenir intact le vaste empire qu'avait créé le chef de leur dynastie. Ils consumèrent le peu de puissance qui leur restait, dans des guerres intestines qui ruinèrent le peuple, et minèrent sourdement la royauté. Habiles à profiter des malheurs de leur patrie, les nobles conquirent de nouveaux privilèges, se rendirent pour ainsi dire indépendants, et l'on vit alors apparaître dans toute sa laideur, ce système féodal qui pesa si longtemps sur la France. D'un autre côté les frontières étaient envahies et les Normands, sous la conduite de leur chef Rol ou Rollon, venaient de s'établir dans une des plus riches provinces de la Neustrie, province à laquelle ils donnèrent le nom de Normandie. Dans l'état où se trouvait la royauté, sans force matérielle ni force morale, une révolution devenait indispensable, il fallait qu'une main ferme et vigoureuse s'emparât des rênes de l'état pour empêcher la dissolution de la monarchie, et peut-être même de la nation française. C'est ce que fit Hugues Capet, duc de France, en usurpant l'autorité royale, après la mort de Louis-le-Fainéant en 987, et en fondant la dynastie des Capétiens.

COSTUMES FRANÇAIS.

RACE CAPÉTIENNE.

L'énergie de Hugues-Capet avait un instant reprimé les orgueilleuses tentatives de la noblesse, et avait retrempé les ressorts de la royauté, malheureusement ses premiers successeurs n'eurent ni ses talents ni son activité, et le trône fut de nouveau mis en péril. La féodalité reprit le cours de ses envahissemens, et atteignit bientôt son plus haut degré de puissance. Quant au peuple, accablé d'impôts et de tailles, méprisé et avili, il courbait patiemment la tête sous le joug. Pour se distinguer de cette vile canaille, les seigneurs adoptèrent les vêtemens orientaux qu'ils avaient repoussés sous le règne de Charles-le-Chauve, et prirent une longue tunique ou robe, qui descendait presque jusqu'aux pieds, et qu'ils ne quittaient que pour monter à cheval. L'église tonna contre cette tunique, il fallut la raccourcir et se contenter de la fendre sur les côtés, (fig. 5); cette nouvelle mode fut encore censurée par les prêtres, et il fallut fermer les tuniques, et ce ne fut qu'à la fin du douzième siècle qu'on commença à les ouvrir par devant; ces tuniques étaient généralement bordées d'or ou de fourrures. On les serrait autour du corps avec une ceinture à laquelle on suspendait l'escarcelle, (grande bourse), et un poignard. Il est vrai de dire aussi, que l'ancien costume des Francs ne fut pas complétement abandonné, et que plusieurs seigneurs le portèrent longtemps encore.

A cette époque on se couvrait la tête du chaperon et du chapel à larges bords, et dont le fond arrondi était terminé par une pointe. (Voyez fig. 5.)

Les bourgeois portaient toujours la saie, les caleçons et le chaperon; quant aux malheureux serfs, ils étaient presque nus

DE CAPET A SAINT-LOUIS

La chevelure fut, aussi bien que la tunique, l'objet des censures ecclésiastiques. Les cheveux longs qui étaient fort à la mode sous le règne de
Hugues-Capet, furent excommuniés sous Henri Ier : on coupa alors les cheveux à la hauteur des pommettes, on raccourcit les moustaches, et on porta
la barbe pointue, (Voyez fig. 10.) Ce portrait, quoiqu'il ne représente qu'un
paysan, peut donner une idée de cette coupe. Vers la fin du onzième siècle,
les longs cheveux reparurent et furent de nouveau proscrits par l'église, et un
concile tenu en 1102, ordonna que désormais ils ne descendissent pas plus
bas que l'oreille, il raccourcit également la barbe, et arrondit les moustaches.
Quarante ans s'étaient à peine écoulés, que les longs cheveux revinrent, mais
leur règne ne fut pas de longue durée, Louis VII, pour expier le massacre de
Vassy, se rasa le menton, se coupa les cheveux, et enjoignit aux siens de l'i-
miter. Cette prohibition disparut sous Philippe-Auguste.

Tandis que dans le nord de la France les prêtres fulminaient contre les cheveux longs, ceux du midi défendaient qu'on les coupât. Les nobles de la Pro-
vence et du Languedoc portaient alors une veste étroite, des pantalons collants, pour coiffure le mortier, et pour chaussure des bottines.

Nous avons dit que les femmes avaient adopté le costume oriental ; sous le
règne de Charles-le-Chauve, ce costume se modifia peu à peu, les manches
de robes qui étaient extrêmement larges dans l'origine, se rétrécirent graduellement, et sous les premiers Capétiens il n'y avait plus guère que l'extrémité de ces manches qui eût conservé son ampleur. Leurs robes aussi bien
que les tuniques des hommes furent raccourcies ; mais sous le règne de Philippe-Auguste, on les porta longues et traînantes, doublées d'hermine, et faites d'étoffes mouchetées, ou de diverses couleurs.

Au onzième siècle les femmes de distinction ne paraissaient jamais en public sans avoir une canne à la main. Au douzième siècle elles adoptèrent
une robe sans manches nommée surcot. Les femmes âgées et les bourgeoises
avaient de larges robes serrées autour du corps par une ceinture de cuir,
un chaperon et un petit voile. Les femmes portèrent longtemps le chaperon
pointu des hommes, mais au douzième siècle elles le portaient plat et de velours. Pendant l'été elles se coiffaient en cheveux, et se paraient d'une couronne de fleurs.

Ce fut aussi sous les premiers Capétiens qu'on vit paraître les étoffes d'O-
rient, ornées d'arabesques et d'animaux bizarres brodés en or, et que les
juifs fournissaient aux nobles, au péril de leur vie. Philippe-Auguste fut le
premier de nos rois qui porta le manteau à fleurs de lys , et qui fit porter
à ses enfans des habits fleurdelysés.

Les bas étaient rouges, violets ou bleus, on les ornait de filets rouges et
blancs, placés de manière à former des losanges, et on les parsemait de pois
de couleur; les souliers étaient rouges ou noirs, et enrichis d'or et de perles.

Le règne de Louis VIII fut de trop courte durée pour exercer quelqu'influence sur les mœurs et le costume de la nation ; il mourut en 1223, laissant
la couronne à son fils Louis IX, plus connu sous le nom de Saint-Louis, et
alors âgé de douze ans. Les Barons voulurent profiter de cette minorité pour
ressaisir les priviléges que Philippe-Auguste leur avait enlevés, mais Blanche
de Castille, à la fois régente et tutrice du jeune monarque, sut habilement dé-
concerter leurs desseins et les contraignit à demander la paix. Devenu majeur,
Louis IX acheva de réduire à l'obéissance les barons, toujours vaincus et toujours rebelles; quelques années plus tard, il remporta sur le roi d'Angleterre
les brillantes victoires de Taillebourgs et de Saintes. Heureuse eût été la
France, si après avoir ainsi consolidé son trône, Louis IX se fût appliqué aux

soins du gouvernement; mais son zèle religieux l'égara, il se laissa aller à la manie des croisades, et alla mourir sur le sol de l'Afrique.

La situation de la France était cependant moins lugubre alors qu'elle ne l'avait été sous les premiers Capétiens; la féodalité commençait à perdre sa puissance, le pouvoir royal acquérait au contraire chaque jour de nouvelles forces, et l'établissement des communes commençait à faire sentir au peuple les bienfaits de l'indépendance, en un mot, l'œuvre de la civilisation commençait. Les croisades avaient enrichi un grand nombre de bourgeois: ils rivalisaient de luxe avec les nobles et portaient les mêmes costumes qu'eux. Ce costume était à peu près le même que sous les premiers Capétiens : il se composait toujours de la longue tunique et de la chlamyde, seulement on y avait ajouté le surcot, qui dans l'origine avait été exclusivement porté par les femmes. Ce dernier vêtement était étroit par le haut et très large par le bas, il était fendu, tantôt par devant, tantôt sur les côtés. D'abord il n'eut pas de manches, mais il en eut au treizième siècle. Il prenait le nom de chape quand il était garni de fourrures. Il ne faut pas perdre de vue, que par dessous ces vêtemens les Français portaient toujours les caleçons étroits. Louis IX était presque toujours vêtu comme un riche bourgeois, on en peut juger du reste par les détails que le bon Joinville donne à cet égard. « Aucune fois, dit-il en son naïf langage, il venait au jardin, une cotte de chamelot vétue, » un seurcot de tyretaine, (droguet), sans manches, un mantel de sandol » noir autour son col, moult bien peigné et sans coiffe, et un chapel de paon » blanc sur la teste. (Voyez fig. 1). Aucune fois il était vestu d'une cotte de » sandol inde, d'un surcot, et d'un mantel de samit vermeil, et d'un bonnet » de coton sur la teste qui moult lui messied; » ce costume était probablement celui du matin. A son retour de la première croisade, il ne porta plus que des robes de camelot garnies de fourrures de peaux de lièvres. Dans les grandes cérémonies ce monarque était couvert d'un ample manteau d'hermine, et sa tête était ceinte de la couronne royale; (Voyez fig. 11), ce qui, sous le rapport du costume, caractérisa le mieux le règne de St. Louis, ce fut le capuchon, tout le monde s'en couvrait la tête, c'était une véritable manie, conséquence directe des croisades. (Voyez fig. 11).

On portait en outre, le chapel pointu à bords évasés, et le bonnet ou calotte de coton, de forme conique, terminée par un gland de fil de soie ou d'or.

La barbe n'était plus de mode (1), quelques vieillards et les gens de la campagne en portaient seuls : les cheveux divisés en deux parties sur le sommet de la tête, retombaient de chaque côté et étaient légèrement frisés à leurs extrémités; quelquefois même on en formait un toupet qui ombrageait le front.

Les souliers étaient généralement noirs et pointus, et rarement brodés d'or. Sous Louis X on les allongea; sous Philippe-le-Bel on inventa les poulaines, chaussure qui avait en avant de l'empeigne vingt, vingt-cinq et même trente centimètres, et qu'on finit par relever sur le coude-pied à l'aide d'une boucle, parce qu'elles gênaient la marche. En hiver on portait des bottines fourrées, nommées houzeauds ou estivaux.

Les Albigeois et les juifs, deux sectes également proscrites, également persécutées, étaient obligés de porter sur la poitrine et sur le dos, les premiers une espèce de roue en drap rouge, les seconds une croix jaune. Il leur était défendu de se montrer en public sans ces signes distinctifs.

(1) Au chapitre des rois de la première race, nous avons dit que l'on portait la barbe longue, mais nous avons omis de dire qu'il n'y avait que ceux qui étaient réputés Français, ceux qui servaient la patrie, et non les hommes qui adoptaient une autre profession que celle des armes.

Tout en s'occupant des affaires de l'état, Blanche de Castille, jeune encore à la mort de Louis VIII, n'avait pas renoncé au désir de plaire, et s'il faut en croire l'histoire, elle eut même des relations plus qu'intimes avec un légat du pape, et le fameux Thibault de Champagne. Elle trouva le costume féminin beaucoup trop simple et y apporta diverses modifications. Le surcot qui dans l'origine n'était qu'une sorte de sac sans grâce et sans élégance, fut échancré par le haut pour laisser la naissance de la gorge à découvert, et sur les côtés pour laisser voir l'élégance de la taille ; ce surcot, qui devint alors un vêtement très élégant, était aussi large par devant que par derrière, descendait jusqu'aux hanches, et se terminait par un jupon à queue sur lequel on brodait les armoiries. (Voyez figure 2). Ce surcot que l'on mettait par dessus une robe très collante et à manches étroites, avait quelquefois aussi des manches mi-larges et fort courtes, souvent aussi ces manches étaient larges, ouvertes et descendaient jusqu'à terre. Les bourgeoises avaient une robe juste au corps, le surcot et le mantel fourré. Les vieilles femmes se vêtaient d'une robe fort large et leur surcot était peu échancré. Pour coiffure, les femmes portaient le chaperon, le béguin et le voile ; les cheveux étaient entièrement cachés.

Les Français des deux sexes avaient toujours une passion immodérée pour l'or et les pierreries ; ils en couvraient leurs habits et même les harnais de leurs chevaux. Les étoffes écarlates et à grands dessins étaient les plus à la mode. Les bourgeoises n'étaient pas moins fastueuses que les femmes nobles, malgré l'ordonnance royale de Philippe-le-Bel, qui leur défendait aussi bien qu'aux simples écuyers de porter de l'or et des pierreries. Les surcots et les manteaux étaient couverts d'armoiries, il en était de même des caparaçons des haquenées et des coursiers de bataille. Les chevaliers qui servaient le roi à table portaient des bottines rouges à éperons d'or, et les simples écuyers des bottines blanches à éperons d'argent.

Le costume guerrier avait subi plusieurs modifications ; les chevaliers avaient adopté le casque fermé et applati dont se servaient depuis longtemps les barons du Languedoc, (Voyez fig. 6), les simples hommes d'armes ne portaient qu'une sorte de bonnet de fer nommé cabasse, (Voyez fig. 3) on substitua l'écu au bouclier ovale, qui lui-même avait remplacé le grand bouclier cintré. On adopta aussi le gambison, veste bourrée et piquée qui se mettait sous le haubert ou cotte de mailles, et la contre-curée, sorte de coussin qui se plaçait sur le ventre. La garde de St. Louis portait sur la cotte d'armes. un hoqueton ou casaque blanche, parsemée de papillottes d'argent, et sur le dos et la poitrine de laquelle était brodée une plante de genet, couronnée par une main céleste avec cette devise *Exultat humiles*. La garde bourgeoise de Paris qui se composait dit-on à cette époque de cinquante mille hommes, dont vingt mille cavaliers, portait la jaquette de mailles et le cabasset. Les chevaliers avaient généralement deux épées, dont une était suspendue au pommeau de la selle, et qui se maniait à deux mains.

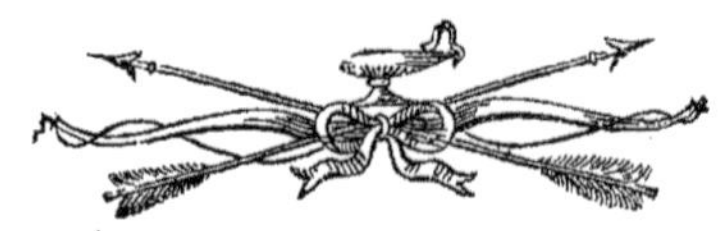

DE PHILIPPE-LE-BEL A CHARLES VII.

La fin déplorable de Saint Louis mit un terme à ces désastreuses expéditions d'outre-mer, expéditions qui avaient été produites par le zèle religieux et l'esprit aventureux de cette époque. Les croisades ne furent cependant pas sans résultats heureux pour la France : la féodalité fut abaissée, le pouvoir royal prit une grande extension, et les communes acquirent une prépondérance assez remarquable en l'absence de leurs plus cruels ennemis, les nobles. Philippe III improprement appelé le Hardi, ne fit rien de notable. Philippe-le-Bel, affermit encore l'autorité royale, abaissa l'orgueil de l'Angleterre, fonda des tribunaux permanents, mais sa mémoire est et sera toujours souillée par deux taches ineffaçables : l'altération des monnaies et le supplice des malheureux Templiers. Nous ne parlerons pas de ses successeurs, leurs règnes furent insignifiants, et plutôt malheureux qu'heureux. La fortune qui avait si longtemps favorisé les Capétiens les abandonna complétement; enfin après bien des vicissitudes, la première branche de cette famille s'éteignit, et fit place à la seconde branche dite des Valois, sous laquelle des désastres sans nombre vinrent assaillir notre malheureuse patrie.

Au milieu de ces désordres politiques le costume devait subir et subit en effet plusieurs modifications; quoique la masse de la nation resta fidèle aux modes du 13me siècle. Vers 1320, on vit paraître la cotte hardie, vêtement juste au corps et large par le bas. Sous le règne désastreux de Jean II, on porta la garnache, vêtement assez semblable au surcot, excepté qu'il avait des manches et un capuchon garni d'un collet ou épitoge, (sorte de chaperon). La garnache était principalement portée par les lettrés, les magistrats, les médecins, et par les hommes d'un âge mur. Ce fut aussi vers la fin du règne de Jean II, que les élégants commencèrent à découper les bords de leurs vêtements, mode qui devint une véritable manie sous Charles V, et qui se prolongea jusqu'au 15me siècle. On portait aussi des appendices, ou longs rubans qui s'attachaient au bras et descendaient quelquefois jusqu'à terre. (Voyez figure 1). La queue du capuchon qui était déjà fort longue sous le roi Jean, s'agrandit encore sous ses successeurs, elle était quelquefois terminée par des cordons que l'on nouait sur la tête. On portait aussi sur l'épaule, une sorte de camail ou pelisse à plusieurs queues, et découpées de plusieurs manières. Dans les grandes solennités les seigneurs portaient généralement un grand manteau fendu à droite ou sur la poitrine et garni d'une épitoge. Les armoiries n'étaient plus portées alors que dans les grandes cérémonies, on se contentait pour les autres jours de porter les couleurs de sa famille; c'est ce qui donna naissance aux vêtements de deux et même de trois couleurs. (Voyez figure 2). Sous Charles V les chevaliers étaient vêtus de velours vermeil, les huissiers en bleu, le prévôt des marchands, les échevins, le chevalier du guet et les principaux bourgeois portaient des vêtements mi-parties blanc et violet. Un chevalier pour être mis avec bon goût devait porter un juste au corps jaune pâle à fleurs d'or, un pantalon mi-parties, des souliers de couleur, une ceinture de soie blanche brodée d'or, et un manteau vermeil; les plumes et les aigrettes étaient aussi fort à la mode. Les bourgeois portaient, la cotte, la garnache, le manteau et la chape à capuchon.

Nous devons aussi parler d'un costume qui fut inventé sous Philippe-le-Hardi, et qui devint fort à la mode sous ses successeurs. C'était une petite cotte qui ne descendait pas même jusqu'au genou, tendue par devant, très décolletée, serrée autour du corps par une ceinture, et ornée d'un galon

DE PHILIPPE-LE-BEL A CHARLES V.

d'argent, (voyez figure14) avec cette cotte on portait un pantalon très étroit, des bottines et un chapeau pointu, dont la pointe serrée par un coulant d'or ou d'argent, se recourbait en avant, comme une corne. Voyez fig. 13.

Jusqu'au règne de Jean II, les cheveux des hommes tombaient sur les épaules et étaient légèrement frisés à leur extrémité. Ce monarque, pendant sa captivité en Angleterre, laissa croître sa barbe, il la conserva lorsqu'il eut recouvert sa liberté, et la mit à la mode ; sous Charles V, la barbe était excessivement pointue, et les élégants s'arrangeaient les cheveux avec une sorte d'afféterie : ils faisaient retomber une touffe de cheveux sur le front, formaient sur les tempes deux larges faces qui se rapprochaient vers le bas des joues, et se terminaient par de grosses boucles qui formaient un bourrelet autour de la tête. Vers le milieu du 14ᵐᵉ siècle on portait aussi des bonnets coniques à bords relevés, le bord extérieur se rabattait et s'allongeait de manière à former un chaperon à bec. C'est ce que nous connaissons aujourd'hui sous le nom de casquette à la Buridan. Le chaperon que portait le fameux Marcel, prévôt des marchands, ainsi que ceux de ses paritsans, étaient rouges et pers (couleur entre le bleu et le vert). Celui du dauphin était noir, brodé d'or, les malheureux Juifs étaient obligés d'attacher une corne au leur.

Le costume des femmes n'avait pas subi de grands changements depuis le règne de Loüis IX, seulement, l'usage du surcot devenait plus rare. Quand les hommes adoptèrent la cotte hardie, les femmes poussées par l'esprit d'imitation portèrent des robes excessivement justes depuis les épaules jusqu'aux cuisses, et ne laissèrent au jupon que l'ampleur nécessaire pour pouvoir marcher, (voyez figure 5). Cette mode ridicule, disgracieuse et gênante fut de courte durée, on reprit le jupon très ample avec une queue si longue, qu'il fallait une suivante pour la porter. Les manches flottantes étaient encore de rigueur, on commençait cependant à les remplacer par des appendices. (Voyez figure 2). Les femmes portaient presque toujours deux robes ; elles étaient très décolletées. Quand on porta des robes étroites on fut contraint de pratiquer des fentes sur les côtés, et par une indécente bizarrerie, on fendit aussi la chemise pour laisser voir la cuisse.

La coiffure en cheveux devenait plus recherchée ; on renfermait les cheveux dans une résille de soie ou de fil d'or, (Voyez fig. 6), puis on les couvrit avec un pan de velours brodé, qui partait d'une tempe à l'autre en passant sur l'occiput; ce pan de velours laissait pourtant apercevoir de face les tresses qui garnissaient les tempes. On portait aussi d'énormes bourrelets de velours, qui tombaient perpendiculairement le long de la figure ; quelquefois enfin elles portaient aussi de larges tresses de soie , faites par des passementiers. Vers le milieu du quatorzième siècle , les femmes à la mode faisaient deux nattes de cheveux, qui descendaient de chaque côté et se repliaient plusieurs fois derrière la tête. Dans les grandes solennités, lorsqu'elles assistaient à un tournois ou à une cour d'amour, les dames portaient encore la chlamyde à queue traînante , la robe blasonnée, et une grande profusion de perles et de pierreries. Pour soutenir la gorge, elles ornaient le haut de leur robe d'une courroie d'or. Les bourgeois et les bourgeoises rivalisaient de luxe avec les nobles; Charles V leur défendit l'or, les pierreries, le galon d'or au chaperon, l'hermine, le vair, (fourrure d'argent et d'azur) à l'écureuil, les bottes et les pantouffles à la poulaine dont la longueur distinguait les classes.

Le luxe des armes n'était pas moins grand que celui des vêtemens, presque tous les casques des chevaliers étaient ornés par devant d'une croix d'or, à fleurons de perles; les grands personnages avaient des casques d'or massif, d'autres des casques d'acier émaillés de diverses couleurs et enrichis d'or. On portait déjà des armures ciselées. Pour remédier aux inconvénients du casque aplati, on en prit alors d'une forme ovoïde. L'artillerie, dont les Anglais firent les premiers usage à la bataille de Crécy, nécessita aussi des armures plus fortes. Sur une cotte de mailles d'acier qui enveloppait tout le corps, les chevaliers portaient une armure complète de fer battu, et adoptèrent un écu de fer d'environ quatre-vingts centimètres de hauteur. On bardait également de fer, la tête, le cou et le poitrail du coursier ; la selle était en outre garnie de deux longues jambières qui protégeaient les cuisses et les jambes du cavalier. Par dessus la cuirasse on portait une cotte d'armes en velours, sur laquelle on brodait les armoiries, on les brodait aussi sur les épaulières.

Sous le règne de Charles V les modes subirent en France de notables changements. Les guerriers ayant adopté la cuirasse bombée, chacun voulut avoir une poitrine large et saillante, et on bourra les habits depuis le cou jusqu'aux hanches ; mode excessivement ridicule et gênante et qui ne disparut qu'après 50 ans de règne. Ce fut alors aussi que les élégants retroussèrent les manches de la veste ou de la robe, afin de laisser apercevoir celles du justaucorps. Nous disons de la veste ou de la robe, car à cette époque les vêtements longs ou courts, larges ou étroits étaient également de mode : on portait indistinctement la cotte ou la robe. Vers le milieu du 14me siècle, il fut enjoint aux prêtres de porter des manches fort larges afin de se distinguer davantage des laïcs ; mais ceux-ci adoptèrent les manches larges, dont la mode devint générale, même pour les bourgeois, au grand mécontentement des nobles, qui prirent alors, pour se distinguer, des robes traînantes et garnies de manches si larges qu'elles traînaient à terre ; ils firent aussi retomber les parements des manches du justaucorps, de manière à ce que leurs mains fussent entièrement cachées. Nous devons faire observer toutefois, que les habits découpés et de plusieurs couleurs ne furent pas entièrement abandonnés. Les robes étaient toujours bourrées et froncées sur les reins. Vers la fin du 14me siècle le capuchon dont le volume avait beaucoup diminué, n'était plus porté, en général, qu'à la campagne ; les hommes à la mode le remplacèrent par le chaperon ou la cornette dont l'extrémité pendait jusqu'aux pieds. Ce fut alors aussi qu'on porta des collets montants, et des manches d'une couleur différente de celle de la robe. (Voy. fig. 1.) Les cheveux divisés en deux parties sur le front, tombaient de chaque côté sur les oreilles, et formaient une sorte de bourrelet autour de la tête. (V. fig. 3). Quant à la barbe , les hommes à la mode la portaient fourchée, (V. fig. 8) cependant au commencement du 15me siècle on la portait fort courte, elle finit même par disparaître entièrement.

Cette époque fut aussi celle où les poulaines prirent leur plus grand développement, et qu'elles affectèrent les formes les plus bizarres, quelquefois même les plus indécentes ; elles n'avaient cependant, en général, qu'une longue pointe excessivement effilée qu'on relevait pour faciliter la marche.

Lorsque les hommes bourrèrent leurs habits, les femmes les imitèrent et se firent d'énormes poitrines ; elles quittèrent alors les robes décolletées, les firent très montantes, et même à collet ; cette mode qui était d'une grande sévérité, fut renversée par l'impudique Isabeau de Bavière, qui amena celle des collets rabattus, et des robes tellement décolletées qu'on apercevait les seins. Du reste, ces robes étaient semblables à celles des hommes, tant pour la coupe que pour l'ampleur des manches.

Les femmes portèrent longtemps les cheveux flottants, surtout dans les grandes solennités ; elles cachèrent ensuite leurs cheveux sous des coiffures tellement larges et hautes qu'elles étaient obligées de se baisser et de se tourner de côté pour passer par une porte.

Déjà très grand sous Charles V, le luxe prit un développement excessif sous le règne de l'infortuné Charles VI : on porta en profusion, l'or les perles, les pierreries ; on chargea les habits d'ornements symboliques et bizarres, les colliers et les ceintures à médaillons étaient surtout fort à la mode ; par une bizarrerie qui n'a pas de nom, les femmes se plaçaient trois gros bijoux sur l'extrémité des seins et sur le nombril. A cette époque les chemises de lin étaient encore excessivement rares, on n'en comptait que deux dans la garde robe d'Isabeau de Bavière.

Les armures ne subirent pas de grands changements, seulement on adopta le cimier, et pour faciliter la respiration, on donna aux casques des visières saillantes, qu'on transforma plus tard en muffle, puis en bec d'oiseau. Ce fut alors aussi qu'on mit au casque une sorte de collet de mailles.

La France qui avait un instant respiré sous le règne de Charles V, fut plongée après la mort de ce prince dans un abîme de calamités et de désastres. Le malheureux Charles VI fut frappé d'aliénation mentale ; le royaume divisé en factions acharnées et sanguinaires fut envahi par les Anglais et, enfin la couronne de France fut placée sur la tête d'un prince anglais, tandis que Charles VII, était réduit à la seule ville de Bourges.

C'en était fait de la France, quand tout-à-coup parut Jeanne-d'Arc, cette miraculeuse Pucelle d'Orléans qui, ranimant le courage des quelques braves restés fidèles à la patrie, arracha Charles VII à sa lâche mollesse, et sauva le royaume.

Au milieu de ces désordres, d'insipides vêtements remplacèrent l'élégant costume du 14ᵐᵉ siècle : il y avait deux cours alors, celle de Charles VII, et celle du régent anglais. Le plus mauvais goût régnait dans cette dernière ; on plaçait la ceinture au bas du ventre, afin de le faire paraître plus gros ; quand le cas l'exigeait on en portait de postiches. Les femmes elles-mêmes adoptèrent cette mode ridicule. Les hommes portaient des robes qui étaient fort courtes, ou qui traînaient à terre par derrière ; elles étaient fort amples, car on les mettait par dessus une cotte de mailles ; l'ampleur des manches diminua, elles ne furent plus bouffantes qu'à partir de l'épaule jusqu'au coude, enfin elles furent remplacées par d'autres manches qui ne couvrirent plus que l'épaule et furent nommées Mahaitres.

La cour du Dauphin de France était plus élégante, mais en même temps plus maniérée que celle du régent anglais. Les robes et les pourpoints des hommes étaient excessivement applattis sur les côtés et formaient par devant et par derrière cinq ou six gros plis. La ceinture se plaçait sur les hanches ; les manches de la robe étaient souvent très longues et fendues pour laisser passer les bras. On fendait également les manches du pourpoint pour laisser apercevoir celles du justaucorps. En général les jeunes gens portaient des vêtemens très courts, les vieillards au contraire avaient de longues robes. Sous le règne de Louis XI, les habits furent tellement courts, qu'au dire d'un historien contemporain, ils laissaient apercevoir les *génitoires*. Quant à Louis XI il se vêtait avec une simplicité excessive, ses habits étaient faits du drap le plus grossier, et il se couvrait la tête d'un mauvais chapeau, orné par devant d'une image de plomb.

Les cheveux des élégants étaient peignés avec soin et tombaient sur le cou. Ils se coiffaient de bourrelets et de chapeaux de feutre à longs poils. A cette époque le linge de corps était encore d'une grande rareté, aussi fendait-on les manches du justaucorps pour laisser voir celles de la chemise; d'autres fois on raccourcissait les manches du justaucorps, de manière à ce qu'elles ne couvrissent que le haut du bras; celles de la chemise étaient alors teintes en jaune vif. Les robes étaient fendues sur le devant et rarement sur les côtés; quelquefois le manteau tombait jusqu'à terre, mais le plus ordinairement jusqu'aux hanches seulement. Ce qui caractérisa principalement le règne de Louis XI, ce fut la manie de porter des manches bouffantes, afin de paraître plus large des épaules.

Les bonnets, sorte de casquettes, avaient souvent plus de soixante centimètres de hauteurs ou bien ils étaient très bas. Les cheveux étaient longs tout au tour de la tête, plats sur le crâne, et rabattus sur le front, comme les portent encore aujourd'hui les paysans de la Bretagne. A dater de Charles VII, la barbe disparut entièrement jusqu'à François Ier. On portait encore des poulaines, mais les cavaliers les abandonnaient déjà pour les bottes. C'est de cette époque aussi que datent les patins et les socques.

Toutes ces modes étaient marquées au coin de la bizarrerie; aussi on portait une manche large et une manche étroite, une longue et une courte, une ouverte et une fendue, un soulier blanc et un noir, un soulier et une botte, etc. Comme celles des hommes, les manches des femmes furent aussi considérablement réduites. On rabattit les collets, et on ouvrit la robe, c'est-à-dire qu'on fit des corsages à cœur, fendus très bas. (Voyez fig. 8). La taille fine et le gros ventre furent aussi fort à la mode. La coiffure des femmes était très variée; les unes portaient de grandes cornettes découpées, d'autres des bourrelets très hauts, d'autres enfin des bourrelets qui formaient deux espèces de cornes; mais la plus remarquable était le fameux bonnet à canon, qu'inventa la célèbre Isabeau, et qui après un règne d'un siècle, prit faveur dans le pays de Caux, où les femmes n'ont pas d'autre coiffure aujourd'hui; seulement ces paysanes comprenant mieux la coquetterie qu'Isabeau, laissent apercevoir quelques boucles de cheveux sur le front, ou bien un modeste bandeau; nous ne parlerons pas de leurs simples chignons, car il n'est personne qui ne les connaissent.

Souvent les robes étaient traînantes, celles des grandes solennités avaient une queue si longue qu'on était obligé de la faire porter par une suivante. Par un raffinement de coquetterie, on fourrait le collet de petit-gris afin de faire ressortir la blancheur de la peau. Un corset de velours noir soutenait la gorge. Les manches étaient garnies de paremens qui couvraient les mains; elles étaient en outre un peu bouffantes aux épaules. Ces robes étaient d'étoffes précieuses, avec des ceintures de velours, d'or et d'argent.

Dans les premières années du quinzième siècle, les cheveux étaient renfermés dans des bonnets. Sous le règne de Charles VII, ils tombaient de chaque côté du visage, et étaient relevés sous la coiffe par derrière; c'est sans doute à cette mode que nous devons l'invention des chignons flottants et autres. On portait déjà des perruques, on savait aussi parfaitement bien se farder de rouge et de blanc, (voir Histoire des perruques). La passion du luxe était si grande à cette époque, que pour la satisfaire on avait recours au vol et à la prostitution; dans les jours de grandes solennités, on ne voyait qu'or, argent, pierreries et fourrures. Les bourgeois bravaient les lois somptuaires, et étalaient l'or et les perles sur leurs vêtemens, il n'y avait pas jusqu'aux archers d'ordonnance qui ne fussent couverts d'or.

DE CHARLES VI JUSQU'AUX ANGLAIS.

IMPLANTATION

DES CHEVEUX DANS LA CIRE

ET

COLORATION DÉS BUSTES A L'USAGE DES COIFFEURS,

PAR FOURNIER,

Membre de l'Académie de Coiffure (1).

Depuis qu'on s'est aperçu que les raies de chair sur gros de naples, forment une épaisseur qui n'est pas naturelle, plusieurs fabricants de bustes ont imaginé d'implanter les cheveux dans la cire même. Cette invention qui permet d'adopter pour les coiffures d'étalage toutes les dispositions de raies, donne à nos établissements un attrait de plus ; aussi la foule se presse-t-elle constamment devant ces figures modèles, que de nouveaux mécanismes font mouvoir, pour rendre encore l'illusion plus parfaite.

Pour implanter les cheveux dans la cire et leur donner une bonne direction, il faut, si l'on n'a pas un modèle devant les yeux, porter ses souvenirs vers la nature même : car pour la stature et le genre de figure des bustes, il est différentes règles à observer. Ces règles, ces principes., ne sont pas les moins difficiles, surtout pour ceux qui n'ont pas étudié certains articles du *Cent-un* ou l'excellente méthode de Croisat.

Pour les bustes en faveur aujourd'hui, il est trois sortes de raies ou séparations de cheveux, qu'on adopte généralement et qui s'harmonisent très bien aux modèles des Allix, des Georges et des Desrosiers, tous artistes modeleurs et implanteurs.

La raie droite parcourant la ligne du nez, depuis le front jusqu'à l'épi, convient à une figure régulière. Avec cette raie, si les cheveux sont longs, les bustes peuvent être coiffés en bandeaux plats ou bombés, en tresses, ou en corde à puits ; ils peuvent, en un mot, avoir les coiffures par devant qui résistent le plus aux fatigues de l'étalage.

La raie en cœur ou *Sévigné*, formant la pointe sur l'épi frontal et s'étendant d'une oreille à l'autre, convient à un buste qui a le visage ovale. Dans ce coif-

---

(1) Nos souscripteurs des pays lointains pourront, au moyen de cet article, implanter des cheveux à leurs bustes de cire, et les colorier tout aussi bien qu'on le fait à Paris.

fage, les cheveux d'accompagnement doivent être longs, tant pour diminuer les pommettes que pour corriger le trop d'ampleur de la tête.

La raie demi-chinoise, cette raie qui donne un certain espace de racines droites sur le front et procure des touffes légères sur les tempes, se fait ordinairement à un buste ayant le visage rond. Pour un buste pareil, je laisse toujours trois pouces et demi de hauteur à partir des sourcils jusqu'à la naissance des cheveux. Ce coiffage est celui qui développe le mieux les traits et donne le plus de grâce à la figure.

EXÉCUTION DE L'IMPLANTÉ.

Le plus grand art dans l'implantation des cheveux, consiste à bien prendre ses distances pour les pointes frontales, ainsi que pour les cheveux naissants du bas de l'occiput, et le tour des oreilles. Les petits outils dont on se sert pour cette opération sont peu nombreux et d'une grande simplicité; je dirai même que chaque implanteur les choisit à sa guise. Les demoiselles Allix dont le talent est justement admiré, se servent d'un outil en fer, recourbé d'un bout, et dont la forme présente la pointe d'une épée ; plus, d'une palette en buis, très mince, qui sert à refermer les entailles faites avec l'outil de fer, lorsque celui-ci a entr'ouvert la cire, pour y introduire les cheveux. Monsieur Michel Adolphe, de l'académie de coiffure, qui se servait, il y a quelque temps, d'une lame semblable à celle des demoiselles Allix, ayant remarqué que l'implanté à l'aiguille, ainsi que le fait M. Desrosiers, remplissait mieux le but, a eu l'idée de casser la tête d'une aiguille moyenne et de faire ainsi une fourche qui lui sert aujourd'hui pour introduire les cheveux un à un, ou deux à deux, selon que la fourchette est grosse, et que la partie implantée a besoin d'être fournie. M. Michel, lorsqu'il implante, commence d'abord par piquer et enfourcher une rangée de cheveux; ensuite il prend une spatule ou couteau de buis, il appuie sur toutes les entailles, pour reboucher tous les petits trous et consolider les cheveux qui, d'habitude, ne sont entrés que d'une ligne.

Quant à moi, voici comment je m'y prends pour implanter un buste: j'examine d'abord la forme de la tête de mon buste, son genre de figure et son aspect ; au premier coup-d'œil je vois si je dois le coiffer à la Lavallière ou à la Niobé, je vois à la couleur des yeux quelle est la couleur des cheveux qui lui convient le mieux, et après avoir ainsi étudié mon terrain, je coupe un patron en papier, je fais mon tracé ayant soin d'observer mes distances d'oreilles, de sourcils, etc.

Lorsque le tracé est fini, je fais un sommet avec du tulle ou du réseau; cette calotte, qui prend à partir de trois centimètres des raies, est garnie avec de la tresse cousue en rond pour les perruques de femme; pour celles d'homme, la disposition des tresses est subordonnée à la mode de se coiffer.

Je dois faire observer qu'il vaut beaucoup mieux exécuter la calotte sur le buste même que sur une marote de bois.

Pour commencer mon implanté, je prends un rang de tresse à L'N. Bien fourni, mais amolli au fer à papillottes, je le fais entrer avec mon outil tranchant dans la cire, de même que le bord du filet; ensuite je referme mes entailles avec ma palette qui n'est autre chose qu'un manche de rasoir aminci; puis je lisse la cire avec un tampon semblable à ceux dont on se sert pour mettre du rouge aux actrices; alors la tresse de la calotte commence à disparaître sous cette couche grossière d'implanté. Une seconde couche de cheveux, implantés brin à brin, vient adoucir ce que peut avoir de dur la masse produite par le rang de tresse. Cette couche se met ainsi qu'il suit : une mèche de longs cheveux dégraissés au son est mise dans une carde, j'en retire une grosse pincée que j'étale autant que possible entre le pouce et l'index de la main gauche, je coupe les têtes carrément, ensuite je les entre dans la cire. Dans cette opération je laisse les cheveux s'étaler d'eux-mêmes, afin qu'ils se rangent les uns près des autres, sans former d'épaisseur. Lorsque j'ai implanté une rangée de cheveux par ce procédé, je referme les entailles avec ma petite palette; puis je lisse ma cire avec le tampon. Je ferai observer que l'outil, qui peut être un grattoir, ne doit prendre que deux millimètres de longueur dans la tête des cheveux, et que les entailles doivent avoir deux millimètres et demi de profondeur, afin que les têtes disparaissent entièrement dans la cire. Ce second rang achève de cacher le bord de la calotte; mais alors, comme on approche des parties claires, c'est-à-dire des raies de chair, le travail devient plus difficile et surtout plus délicat. On doit donc pour imiter le cuir chevelu, prendre des pincées de cheveux excessivement minces et les étaler entre le pouce et l'index, de telle sorte qu'il ne se trouve pas deux cheveux posés l'un sur l'autre; il faut ensuite que les entailles soient faites et refermées avec bien des ménagements, car les couches de cheveux sont si légères, que le moindre défaut paraîtrait si ce n'était parfaitement uni. Arrivé tout à fait à la raie de chair, ou bien à la naissance des cheveux, l'implantation doit être encore plus légère, c'est-à-dire que les cheveux doivent être plus rares. Pour cela, on les prend au nombre de huit ou dix à la fois, et on les étale entre les deux doigts, de manière, qu'entrés dans la cire, ils soient à une petite distance les uns des autres. Cette manière d'opérer sur les grands cheveux est aussi applicable aux cheveux frisés de devant, car l'intérieur d'une touffe doit être implantée plus épais que la superficie, surtout pour des masses un peu fortes, telles que anglaises ou Sévigné. Les cils et les sourcils se font avec du poil de chat. Pour imiter la barbe coupée, dans une figure d'homme, il faut, après avoir passé une teinte bleuâtre, picotter les parties barbues avec une aiguille trempée dans de l'encre de Chine ou du bleu foncé.

COLORATION ET RESTAURATION DES BUSTES.

Pour colorer ou restaurer un ancien buste, je le lave au savon noir, je le laisse sécher à l'air sans l'essuyer, puis je fais chauffer, jusqu'au rouge ardent, une pince de forgeron du poids de quatre kilog. et d'un mètre de longueur, ou un fer quelconque qui puisse remplir le même but.

Je l'approche du buste jusqu'à ce que la cire suinte insensiblement, toujours en remuant le fer de droite à gauche, de gauche à droite et perpendiculairement, afin d'étendre sur la cire une égale chaleur. Je fais tenir le fer par quelqu'un, je saisis un pinceau de blaireau ou de fouine que je trempe dans ma poudre, et j'en couvre la cire. En frappant légèrement, je ferai observer qu'il ne faut

(1) Les poils de fouine sont souvent employés pour les cils.

jamais étendre le pinceau sur le buste, à la manière des peintres, mais uniquement comme si on voulait picotter la cire. La personne qui tient le fer, lui fait suivre les mouvements du pinceau pour entretenir la chaleur sur la cire; par ce moyen, la poudre couleur de chair, préparée à l'avance, pénètre dans la cire qui, en se refroidissant par degré, la rend inaltérable au contact de l'air.

Voici un autre moyen pour colorer. Vous mettez une cassolette bien embrasée sous un vaste panier d'osier, ou sous un cerceau de futaille enveloppé d'un drap pour que la chaleur soit concentrée; vous posez votre buste sous ce drap à une certaine distance de la cassolette, et, en moins de dix minutes, la cire est en état de recevoir la poudre. Je ferai observer que les cils et les sourcils se font en même temps et de la même manière que l'implantation des cheveux, car après avoir restauré un buste, il ne faut plus songer à le retoucher.

MANIÈRE GÉNÉRALE DE PRÉPARER LA POUDRE

ET

PROCÉDÉ DE NOS MEILLEURS FABRICANTS POUR SON EMPLOI.

Vous prenez, pour la première couche (teinte locale), un paquet de blanc d'argent de soixante-deux grammes et demi, que vous mêlez avec de la poudre de carmin, de manière à la roser plus ou moins, suivant que vous voulez forcer votre incarnat : vous mêlez le tout avec votre pinceau. Il faut se servir pour cela d'un vase en faïence ou en porcelaine, parce que le carmin ne s'attache pas sur ces corps. Les joues des bustes, qui doivent présenter une couleur vermeille, ainsi que les lèvres et les narines, doivent être faites avec la poudre de carmin, mêlée à une dixième partie de blanc d'argent ; si l'on trouve les joues et les lèvres trop vermeilles, on donne quelques coups de pinceau trempé dans la poudre à teinte locale. En général, avant d'arriver au carmin éclatant, on emploie sur les joues une teinte *mixte*. Nos fabricants de bustes ont un petit cabinet spécialement consacré à la restauration des bustes : ces cabinets sont chauffés par un énorme poële, afin de fournir les degrés de chaleur convenables pour attendrir la cire. Par ce moyen, dix bustes se trouvent chauffés à la fois, et le restaurateur, lorsqu'il entre dans son étuve, est armé de son vase à poudre rose d'une main, et de son pinceau de l'autre : on croirait Satan au milieu des enfers cherchant à plaire à quelques jolies condamnées, en leur jetant de la poudre aux yeux.

Nota. Pour maintenir les bustes frais, il suffit de les colorer à neuf tous les ans et de leur donner un petit coup de pinceau chaque mois. Comme les coiffures ont toujours plus de grace lorsque les figures de cire ont une taille élancée et qu'elles se meuvent, nous conseillons de placer les têtes sur des mannequins habillés jusqu'à la ceinture et de poser lesdits mannequins sur des tournebroches. Cela anime les personnages et fait qu'on peut voir la coiffure de tous côtés.

de CHARLES VIII á FRANCOIS Ier

COSTUMES FRANÇAIS.

DE CHARLES VIII A FRANÇOIS I.

Les exploits de Jeanne d'Arc et les succès inespérés de Charles VII avaient arraché la France à la situation terrible où l'avaient placée la folie de Charles VI et les fureurs d'Isabeau de Bavière. La main puissante et tyrannique de Louis XI acheva l'œuvre de la réorganisation, en comprimant les tentatives criminelles d'une noblesse toujours disposée à profiter des malheurs de la patrie, pour revendiquer ce qu'elle nommait ses droits. Sous Charles VIII elle voulut encore relever sa tête altière ; la guerre civile recommença, mais la bataille de St-Aubin y mit un terme, et le monarque se trouva si bien consolidé sur son trône, qu'il put entreprendre les guerres désastreuses d'Italie, guerres qui coûtèrent à la France bien des hommes et bien des trésors, sans lui procurer d'heureux résultats.

A cette époque les défauts de conformation du monarque faisaient souvent adopter les vêtements plus ou moins larges, plus ou moins longs. Sous Louis XI on portait, ainsi que nous l'avons dit, des habits courts et étroits ; Charles VIII, pour cacher ses défauts corporels, adopta la robe longue, et les seigneurs de sa cour s'empressèrent de l'imiter ; mais en revanche, les bonnets élevés furent remplacés par des bonnets de forme basse, les souliers courts et arrondis par le bout succédèrent aux poulaines, les manches larges aux manches étroites.

Les campagnes de Charles VIII en Italie, et les succès qu'il y remporta dans l'origine, avaient imprimé à son cœur cet air fanfaron qui caractérise toujours les époques militaires. Les nobles se coiffaient de travers, et portaient de hauts panaches, une longue dague à la ceinture, et une courte canne à la main (Voyez fig. 7).

Sous le règne de Louis XII surnommé le Père du peuple, les robes furent raccourcies jusqu'aux genoux, et les manches furent indistinctement longues ou courtes ; quelquefois même il n'y en avait pas, et la robe avait alors la orme d'un petit manteau. La robe que portaient les chevaliers était très juste du corsage ; la jupe au contraire, composée d'une foule de goussets rapportés ensemble et de couleurs diverses, formait plusieurs gros plis. Elle était garnie de manches larges par en haut, bouffantes jusqu'au coude, puis collantes au poignet. C'était toujours dans la beauté du linge que consistait le plus grand luxe ; aussi continua-t-on à fendre les manches du justaucorps pour laisser voir celles de la chemise. Ce fut aux Italiens, lors des guerres de Charles VIII, qu'on emprunta la mode de taillader les manches, puis le justaucorps que l'on décolleta excessivement. Les chausses ou pantalons collants le furent aussi, afin de laisser voir, au bas du ventre, les plis de la chemise. Ce fut également sous le règne de Louis XII qu'on commença à cartonner les braguettes, qui jusqu'alors avaient été très étroites. Cette mode indécente et ridicule ne fut pas cependant de longue durée, car vers la fin du règne du même monarque on cachait souvent les braguettes sous la jupe d'une petite tunique en soie, qui remplaçait le justaucorps. Les larges manches de la robe que l'on mettait par-dessus, furent alors divisées en deux ou trois gros bouffants par des étranglements. La mode des crevées prenait chaque jour une grande extension ; on tailladait tout, les manches, le dos, la poitrine, les cuisses, les gants, les souliers, les bottes et les chaperons. On ne portait ni barbe ni moustaches ; les cheveux tombaient sur le cou.

Ce fut sous le règne de Charles VIII que les dames commencèrent à se faire des tournures, c'est-à-dire à froncer les robes sur les reins et très peu par-devant, ce qui donnait beaucoup de grâce à la tournure, surtout quand la jupe était faite d'une étoffe très fine et légère (Voyez fig. 4), qui permettait à la robe appesantie par une longue queue traînante, de dessiner les contours des hanches et des cuisses. Sous Louis XII, on fendit les robes par-devant, ou plutôt on enlevait sur le devant de la jupe un gousset de six décimètres, dont l'entaille ne dépassait pas le genou, pour laisser voir un par-dessous qui était toujours d'une étoffe plus précieuse que celle de la robe elle-même. Les femmes supprimèrent également les manches de la robe pour laisser voir celles de la chemise ; puis elles renfermèrent ces dernières dans de petits brassards à des poignets d'or ou de velours, retenus par des rubans. Ce fut Anne de Bretagne qui inventa les larges manches, dités à la Grand'gore, qui devinrent de rigueur pour les grandes solennités. Anne de Bretagne introduisit également la mode des petites coiffes basses, qu'on portait depuis longtemps en Bretagne, et qui remplacèrent peu à peu les *coiffes-cornets* du temps de Charles VII.

Après la prise de Constantinople par les Turcs, l'Italie était devenue le centre des beaux arts et des sciences ; quand les Français conquirent cette province, ils contractèrent pour le luxe une passion vraiment désordonnée. Les vêtements étaient de drap d'or ou d'argent ; jamais on n'avait vu tant d'armures dorées et ciselées. Sous le règne de Charles VIII les guerriers remplacèrent la cuirasse emboîtée, par la cuirasse à tonnelet, par-dessous laquelle on portait encore la cotte de mailles. Ce fut sous Louis XII que le célèbre chevalier Bayard et le brave capitaine Maillard organisèrent l'infanterie nationale, qui jusqu'alors avait manqué à nos armées. Ces fantassins étaient vêtus de drap de plusieurs couleurs, et n'avaient pour toute armure qu'un casque et un corselet de fer.

Si l'Italie était le centre de la civilisation, elle était aussi celui de la dépravation ; ce fut aux habitants de cette province que les Français empruntèrent les trousses et les grosses braguettes. Pour laisser mieux voir ces dernières, on fendit les tuniques, par-dessus lesquelles on portait, du temps de François Iᵉʳ, une courte robe garnie de manches bouffantes et d'un grand collet. A cette époque les modes françaises avaient déjà acquis dans toute l'Europe une grande prépondérance ; nous allons leur voir prendre un développement beaucoup plus grand encore sous François Iᵉʳ, ce prince beau, bien fait, fastueux et galant, et qui fit subir aux diverses parties du costume plusieurs modifications remarquables et notamment à la coupe de la barbe et des cheveux.

Ce fut ce monarque qui amena la mode du chaperon, large et très plat, que nous ne pouvons mieux comparer qu'au beret béarnais. Ce fut aussi à cette époque que les souliers larges et carrés firent place à des pantoufles pointues, soit couvertes et tailladées comme les autres parties du costume.

La barbe, qui n'était plus de mode depuis longtemps, reparut sous le règne de François Iᵉʳ dans un des nombreux tournois qui se donnaient alors ; ce prince reçut un coup de lance qui lui fit une blessure assez grave au menton ; de là, une profonde et disgracieuse cicatrice, que l'élégant monarque déroba à tous les regards en laissant croître sa barbe, mode que les seigneurs de la cour s'empressèrent d'adopter, ainsi que celle des cheveux courts, dont François Ier fut aussi le régénérateur (1).

De grands changements s'opérèrent à cette époque dans les modes féminines; la robe à plis fut supprimée, et l'on vit apparaître la robe à cloche. (Voyez fig. 3) Cette robe n'a pas de queue, comme celles que l'on portait au commencement de ce règne, et la jupe, composée de plusieurs goussets, se tient raide comme une cloche, au moyen d'un pardessous en toile gommée ou d'un mince cerceau.

Les manches à la Grand'gore étaient toujours de mode ; cependant, sous Henri II et Charles IX on en portait qui étaient collantes et ne bouffaient qu'à l'épaule ; on les tailladait comme celles des hommes.

La coiffure des femmes était élégante et variée : tantôt c'était une espèce de toque béarnaise surmontée d'une aigrette de plumes, tantôt c'était un chaperon brodé, ou une cape de soie, tantôt enfin une sorte de turban. Il y avait sous François Ier deux sortes de coiffure qui dominaient toutes les autres : la première consistait en une bande de velours large de trois pouces au milieu et de cinq par les deux bouts qu'on posait à plat sur la tête, et que l'on appliquait sur les tempes, de manière à couvrir en partie les grands bandeaux lisses que toutes les femmes se faisaient ; la deuxième consistait en une résille que l'on se posait sur les cheveux. La belle Ferronnière, maîtresse de François Ier, portait une petite chaîne sur le front qui coupait agréablement ses longs bandeaux. Nous ferons observer que les bandeaux de cette dernière faits d'une pièce, couvraient entièrement les oreilles. Sous Henri II et Charles IX, elles portaient, de préférence à toute autre coiffure, un chaperon rabattu sur le front et relevé sur les côtés. Un auteur contemporain nous a laissé une description détaillée de l'ajustement féminin à cette époque. « A la cour de François Ier, dit-il, les dames vê- » taient sur la chemise la belle vasquine de camelot de soie ; sur celle, la verdu- » gale de taffetas rouge ou tanné ; au-dessus, la cotte de taffetas d'argent à » broderies d'or, ou de damas écarlate ou migraine, puis vêtaient la robe de » toile d'or à frisures d'argent, ou de velours forfité d'or en portraitures. Elles » se coiffaient en hiver à la française, au printemps à l'espagnole, et en été à la » turque. Les palenâtres, les chaînes, bagues, templettes, jazerans et carcans » étaient de fines pierreries escarboucles. »

On peut dire que jamais on n'avait vu, depuis la fondation de la mornarchie française, une cour aussi fastueuse que celle de François Ier ; plusieurs fois ce monarque épuisa les trésors de l'État, pour surpasser en magnificence tous les rois ses contemporains. L'entrevue qu'il eut avec Henri VIII d'Angleterre fut tellement fastueuse, que le lieu où elle se tint prit le nom de Champ du drap d'or. Quand François Ier rentra dans Paris, à la suite de cette entrevue célèbre, il était vêtu d'une saie en drap d'argent frisé, et presque tous les seigneurs qui l'accompagnaient portaient des habits mi-partie drap d'or et satin blanc. Le blanc était alors la couleur royale. Alors que le noir fut apporté d'Italie, les deux couleurs furent les plus à la mode parmi les seigneurs de la cour.

---

(1) Certains historiens, qui reconnaissent que François Ier avait reçu un coup de lance à la tête, assurent que sa blessure du menton lui provenait d'un coup de boule de neige qu'il avait reçu étant jeune homme. Pasquiers, livre septième, dit que ce fut le capitaine De Lorge, sieur de Montmerv, qui mêlant à la nuée des boules de neige un tison, blessa son maître au menton, le jour des Rois 1421.

Ce luxe excessif ne fut pas interrompu par les calamités sans nombre qui vinrent assaillir la France sous les successeurs de François Ier; malgré les guerres civiles et les lugubres massacres de la St-Barthélemy, qui couvrirent le royaume de sang et de deuil, les nobles, insensibles, comme ils l'avaient toujours été, aux malheurs de la patrie, déployèrent le même faste, la même prodigalité. La chasse, les courses à cheval, les danses, les festins, contrastaient d'une manière affreuse avec les bûchers, les roues et les gibets où chaque jour on voyait expirer des malheureux protestants. Le jour même de la St-Barthélemy, pendant que le sang français ruisselait dans les rues de Paris, Charles IX, Catherine de Médicis se promenaient dans la ville, suivis d'un brillant cortége d'hommes richement vêtus, et de femmes couronnées de fleurs et de pierreries, à qui cet horrible spectacle n'arrachait que des observations obscènes ou dérisoires. Sous le règne de Henri II, la saie ou tunique fut raccourcie jusqu'à mi-cuisses, et les petits manteaux. sorte de grand collet, furent à la mode. Les étoffes rayées étaient beaucoup recherchées par les hommes ; ceux-ci portaient la barbe, et les cheveux courts, comme sous François Ier; mais leurs toques ou barettes (Voyez fig. 4) avaient toutes une visière et des bords circulaires.

Cette époque fut celle de la célèbre Catherine de Médicis ; l'influence qu'elle exerça sur les modes ne fut pas moins grande que celle qu'elle exerça sur la politique; aussi voit-on succéder, aux toilettes gracieuses des règnes précédents, le corsage busqué avec des coussins sur les hanches, et les jupes sans garnitures, ainsi que la coiffe à pointes sous laquelle allaient se cacher tous les cheveux, tantôt peignés à plat, tantôt boursoufflés par-devant par un peu de crépures, comme on le fit plus tard (Voyez fig. 10).

Nous ferons observer que Henri II et Charles IX portaient la braguette, et avaient des culottes qui s'attachaient à mi-cuisses et qui bouffaient comme des ballons. Par-dessous on portait un haut de chausses collant, comme ce que nous nommons aujourd'hui pantalons à pieds.

<hr>

LE COIFFEUR ET LE PERRUQUIER

DE

L'ANCIEN RÉGIME.

PREMIÈRE PARTIE.

Ayant déjà donné d'assez nombreux détails sur la profession du perruquier et du coiffeur sous l'ancien régime, nous ne reviendrons pas sur cette matière, mais pour donner aux jeunes coiffeurs une idée plus exacte de notre profession à cette époque, et les mettre à même d'exécuter toutes les perruques à caractères nécessaires aux théâtres et aux travestissements, nous avons jugé indispensable d'insérer dans notre ouvrage un extrait de l'Encyclopédie relatif à l'art du perruquier et composé par le célèbre Poitevin, le premier posticheur de son époque.

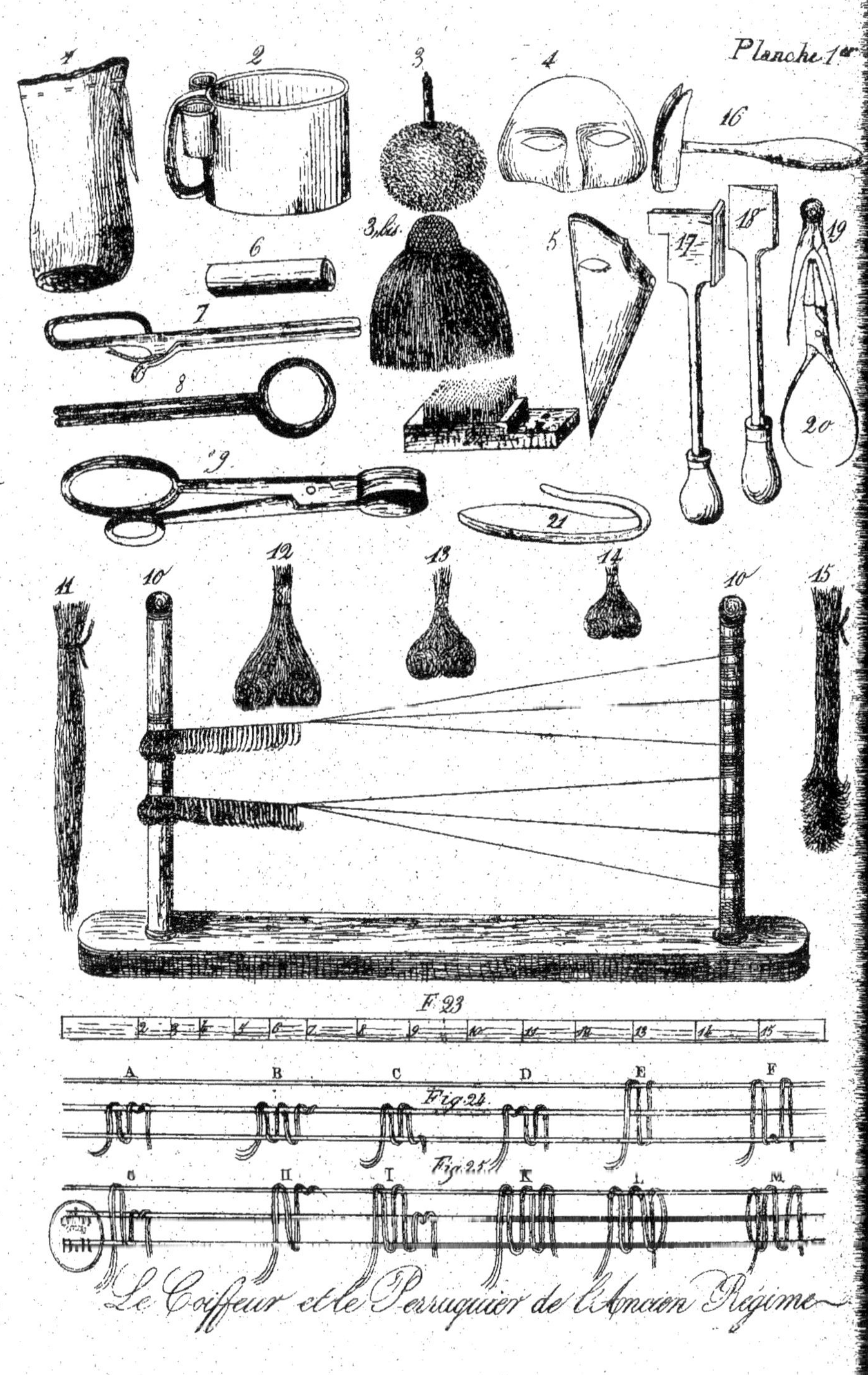

Le Coiffeur et le Perruquier de l'Ancien Régime

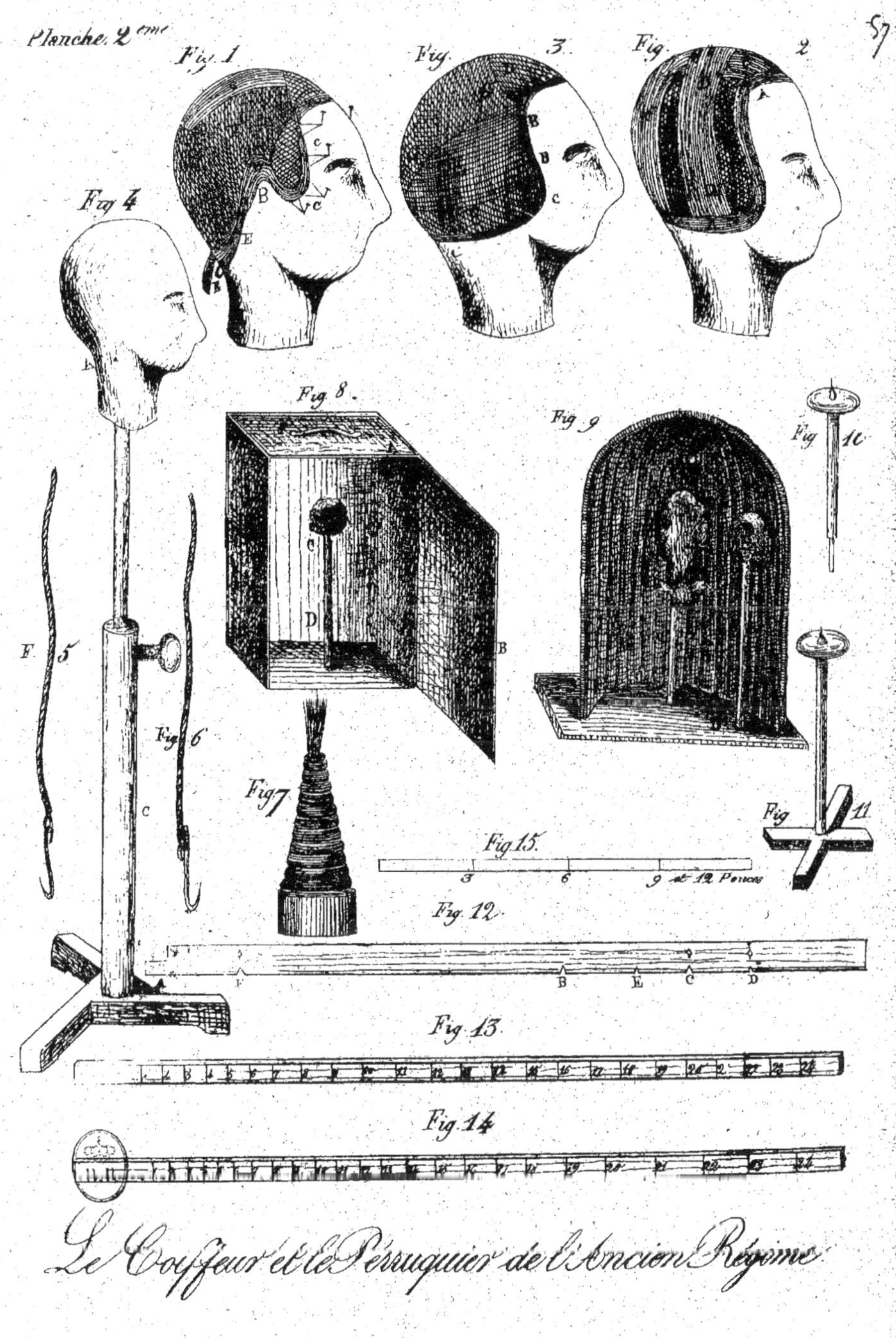

Le Coiffeur et le Perruquier de l'Ancien Régime

Les planches qui accompagnent cet extrait feront connaître non-seulement les outils et accessoires dont se servaient nos devanciers, mais encore leur manière de préparer et d'étager les paquets de cheveux, le secret de toutes leurs passées, leurs mesures, leurs règles de divisions, leurs diverses montures, et ce qui n'est pas le moins difficile leur grand art pour le classement des corps de rang. Obligés d'être brefs, nous ne donnerons pas de grandes explications, et nous nous en rapporterons pour l'intelligence de nos planches, à la perspicacité de nos confrères, d'autant plus que la tradition n'est pas encore entièrement perdue.

PLANCHE PREMIÈRE.

N° 1. Sac à poudre en peau.

N° 2. Boîte à poudre en fer-blanc, garnie de deux étuis à pommade.

N° 3. Houppe de cygne pour mettre son fond de poudre et la deuxième couche.

N° 3. (*bis*) Houppe de soie dite houppe de volée pour poudrer à blanc.

N° 4. Masque qu'on donne à tenir à la pratique pour garantir le visage de la poudre.

N° 5. Cornet au même usage.

N° 6. Bâton de pommade ferme pour abattre les cheveux rétifs.

N° 7. Compas à pistolet pour mettre les cheveux en frisure.

N° 8. Compas à charnière destiné au même usage.

N° 9. Fer à papillottes.

N° 10. Métier à tresser.

N° 11. Paquet de cheveux effilés.

N° 12. Paquet prêt à être effilé.

Nᵒˢ 13, 14, 15. Paquets étiquetés et numérotés de diverses grandeurs.

N° 16. Marteau à perruque.

Nᵒˢ 17 et 18. Différents fers à passer les perruques.

N° 19. Compas.

N° 20. Pinces à perruque.

N° 21. Fer à presser les perruques.

N° 22. Cardes en acier.

N° 23. Mesure de tournants.

Nᵒˢ 24 et 25. Formation des passées des différentes tresses, A. B. C. fig. de l'm simple, variée sur deux soies, D. fig. de l m doublée sur deux soies ; E. fig. de l'n simple sur trois soies ; F. fig. de l'n simple, G. fig. de la demie. N. H. fig. de l'm à simple tour, I. fig. de l'm et demi, K. fig. de l'm redoublé, L. fig. de la dernière passée d'arrêt. M fig. de la première passée d'arrêt.

PLANCHE DEUXIÈME.

Fig. N° 1. Monture à oreilles, garnie de bougran au-dessus des échancrures d'oreilles d'un bougran de plaque sur le sommet, et d'une boule à l'occiput.

N° 2. Monture pleine préparée, mais fixée par des pointes seulement.

N° 3 Direction du corps de rang d'une perruque pleine. A bord de front, B B petit tournant, C les grands tournans, D dessus de tête, E petit corps de rang, F les grands corps de rang, G G la plaque.

N° 4. Marotte sur un pied à perruque à coulisse.

Nᵒˢ 5 et 6. Crochets pour fixer la perruque pendant l'accommodage.

N° 7. Poudroir ou soufflet pour lancer la poudre avec légèreté.

N° 8. Boîte à perruque pour porter en ville.

N° 9. Poudrier d'osier qui empêche la poudre de trop se répandre dans la pièce.
N° 10. Champignon mobile.
N° 11. Champignon à pied.
N° 12. Mesure d'une perruque. A B mesure du front à la nuque, A C d'une tempe à l'autre passant par derrière la tête, A D mesure d'une oreille à l'autre passant par le sommet de la tête, A E mesure du milieu d'une joue au milieu de l'autre, passant par derrière la tête, A F mesure du milieu du haut du front à l'angle frontal.
N°ˢ 13, 14. Règles à étages.
N° 15. Pied.

PLANCHE TROISIÈME.

N° 1. Extérieur d'une perruque en bonnet ; le devant de cette perruque se coiffe comme celui du n° 2.
N° 2. Intérieur de la perruque d'abbé A la tonsure. L'extérieur de cette perruque se voit livraison 38ᵉ.
N° 3. Perruque de femme à chignon frisé vue latéralement et par derrière. A le crêpé. B le frisé. C C les cordons.
N° 4. Extérieur d'une perruque de femme à chignon relevé crêpée en racines droites sur le devant et recouverte de boucles postiches.
N° 5. Intérieur et extérieur d'une perruque à nœuds et à boudin. A A les nœuds. B le boudin.
N° 6. Extérieur d'une perruque à bourse, l'intérieur de cette perruqne se voit livraison 38ᵉ et la bourre planche 4.
N° 7. Intérieur et extérieur de la perruque à la brigadière à boudins.
N° 8. Extérieur et intérieur d'une perruque naissante coiffée de deux façons différentes.
N° 9. Tour de face pour femme.
N° 10. Bonnet de cheveux ou sommet postiches de la perruque n° 4.
N° 11. Boucles de différentes formes pour ajouter aux coiffures de femmes et notamment à la perruque n° 4.

PLANCHE QUATRIÈME.

N° 1. Extérieur et intérieur de la perruque carrée.
N° 2. Extérieur de la perruque à deux queues A A les queues, B B les rosettes. Le devant de cette perruque se coiffe comme celle à bourse de la 38ᵉ livraison.
N° 3. Extérieur de la perruque à cadogan dans une coiffure naturelle les cheveux du sommet de la tête peuvent être taillés en brosse.
N° 6. Bourse à rosette coulissée par le haut. A la rosette, B la coulisse.
N° 4 et 4 (bis). Brigadière à trois boucles.
N° 5. Brigadière vue de face.
N° 6. Perruque à rosette ou à bourse montée en étoile sur le bec.
N° 7. Bonnet monté en coquille sur le bec.

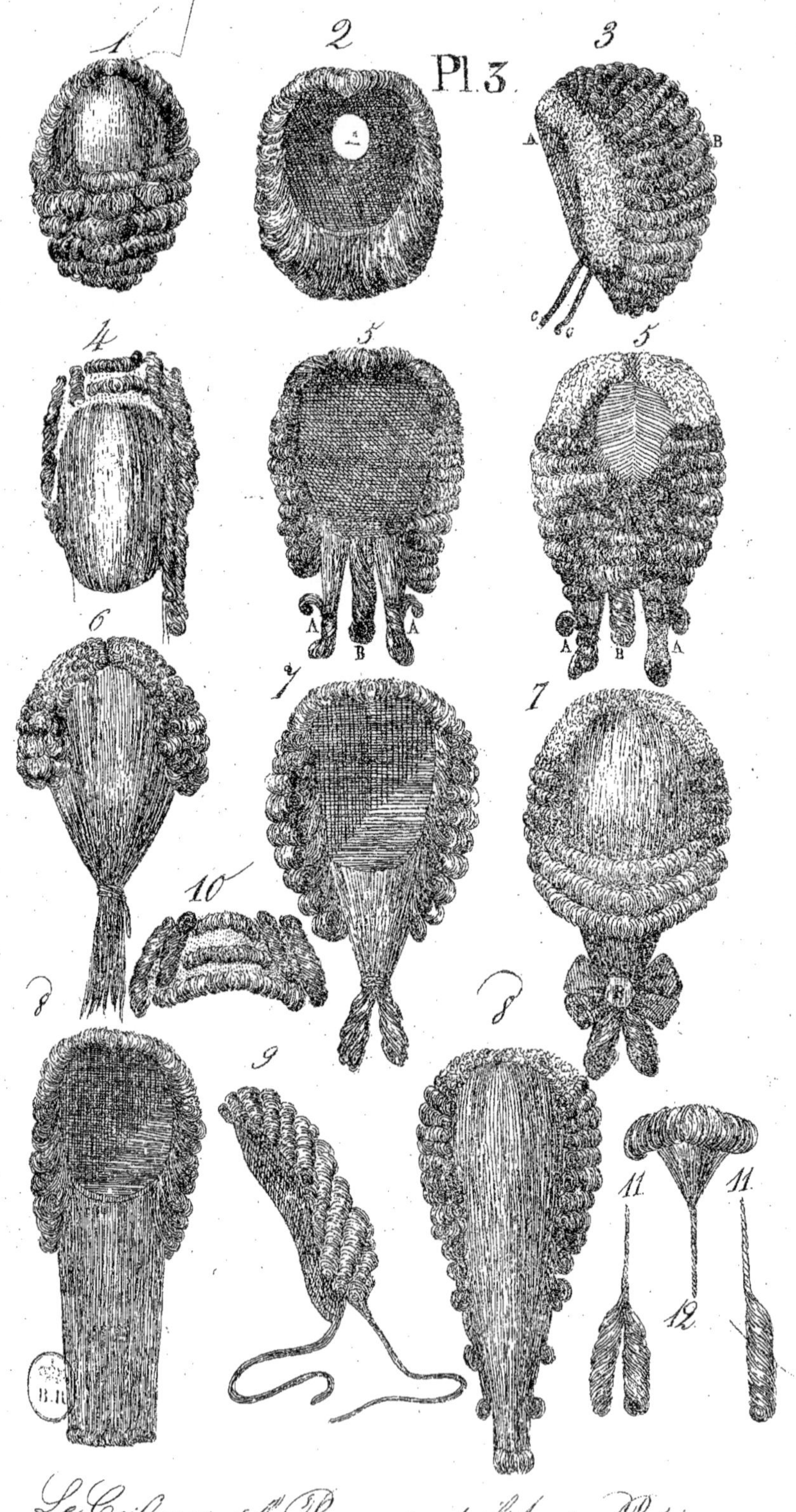

Le Coiffeur et le Perruquier de l'Ancien Régime

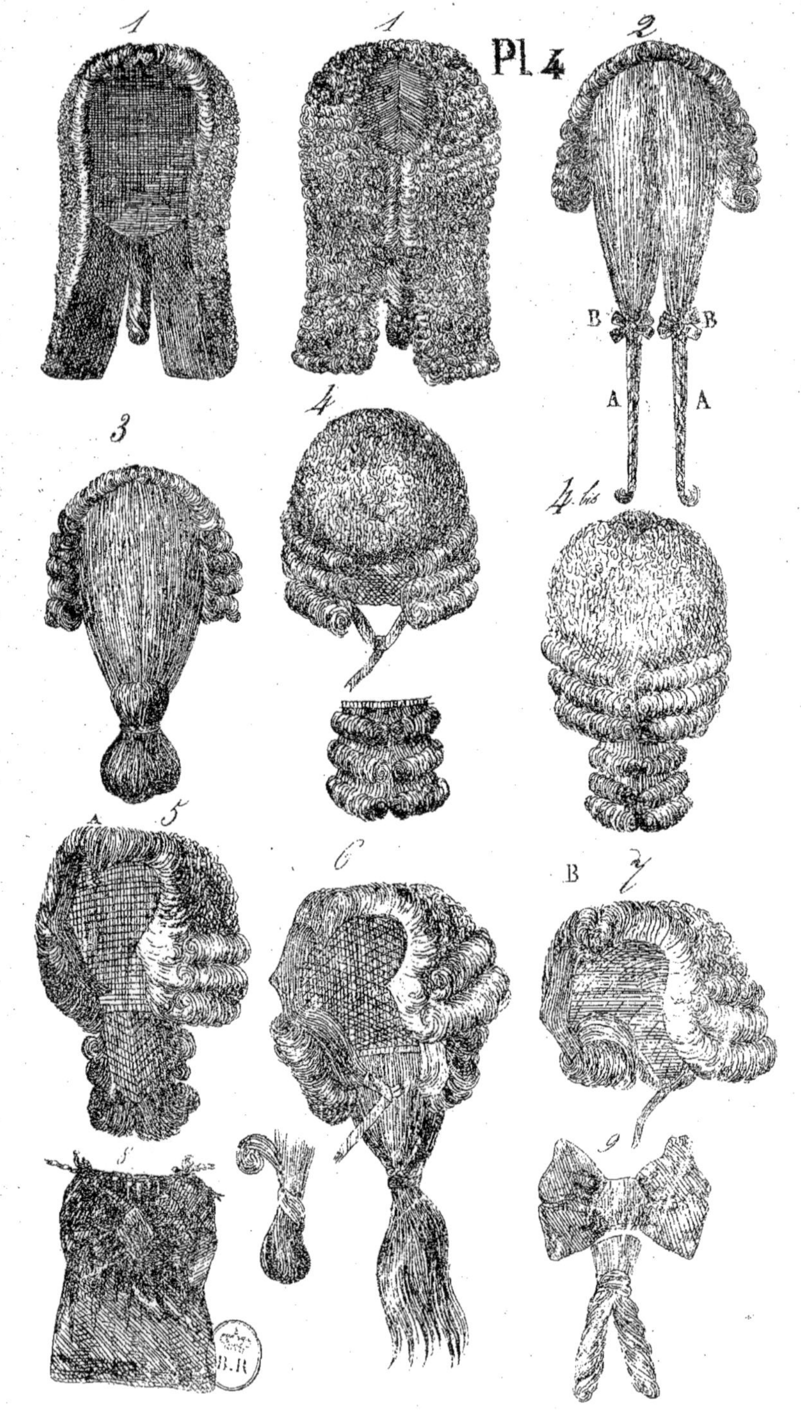

Le Coiffeur et le Perruquier de l'Ancien Régime.

HENRI III.
et
HENRI IV.
Règne D'Henri III
Règne D'Henri IV.

COSTUMES FRANÇAIS.

D'HENRI III A HENRI IV DE BOURBON.

La dépravation, déjà si grande sous les trois derniers monarques (1), fut portée à son comble sous le règne dégoûtant et honteux d'Henri III. Nous ne donnerons pas de détails à cet égard; les vices de ce prince, ses amours contre-nature, et les débordements de ses infâmes mignons, sont connus de tout le monde ; il n'est pas un historien, pas un écrivain, qui ne les ait flétris avec une juste indignation; nous dirons seulement que le règne de Henri III ne fut pas moins désastreux pour les modes que pour les mœurs, et que les vêtements, ceux des hommes principalement, furent aussi ridicules que grotesques. Henri III lui-même, sans respect pour le caractère royal dont il était investi, donnait le premier l'exemple de la dépravation ; on le vit souvent, revêtu d'habits féminins et entouré de ses ignobles mignons, qui avaient grand soin d'imprimer à leurs vêtements le cachet de leurs vices. Les modes qui avaient été en vigueur sous Charles IX furent entièrement modifiées ; le corsage du pourpoint fut considérablement allongé et se termina en pointe par devant comme celui des robes des femmes; sous ce pourpoint se cachait la ceinture d'un petit caleçon bouffant, qui ne descendait que jusqu'à la naissance des cuisses qui étaient couvertes d'une culotte courte collante qui se perdait vers le genou sous des chausses ou bas, dont le bord était roulé de manière à cacher les jarretières. Les manches furent bourrées, dans toute leur longueur, de manière à donner au bras une grosseur considérable ; le volume de la toque diminua, et les braguettes finirent par disparaître entièrement.

On trouve dans le journal de l'Etoile, ouvrage de l'époque, une description assez pittoresque du costume des mignons de Henri III, et par conséquent du monarque, qui ne s'habillait pas autrement que ses favoris. « Ils portaient, dit-il, » les cheveux longuets, frisés, refrisés, montant pardessus leur petit bonnet de » velours, comme font les femmes, et leurs collets de chemises d'atours empesés » et longs de dix pieds, de sorte qu'à voir leur tête, il semble que se soit le chef » de S. Jean dans un plat. Ils avaient un air très effeminé, et chacun souffrait de » leur désordonnée outre cuidance. » Nous devons dire pour compléter cette peinture, que les mignons devaient avoir les joues fardées, un collier, des boucles d'oreilles, de légères moustaches, la barbe en pointe, des manches à gigot, la taille fine, les hanches très saillantes, les cuisses grosses, les jambes fines et grêles, de petites mains et de petits pieds : Henri III affectionna beaucoup d'abord les collets de chemises à grands godrons c'est-à-dire tuyautés à double et triple rang comme une fraise : vers 1575 il les porta plats, unis et renversés comme les Colins

____

(1) Henri II, François II et Charles IX.

de théâtre de nos jours. A cette époque, les hommes garnissaient leurs habits de baleines au corsage ; vers l'année 1580, on adopta les habits de toile bougrannée et bourrée pour donner de la rotondité aux membres et éviter les plis du corps.

Outre les toquets que l'on portait sous le règne de Henri III, il y avait encore une infinité d'autres coiffures, hautes, basses, coniques, à larges bords, ou à bords relevés, de couleurs grise, blanche ou noire, avec ou sans panaches. La barbe était toujours pointue comme sous le règne de François Ier ; quant aux cheveux, ils étaient courts sur le derrière de la tête, longs sur le devant de 2 à 3 pouces, frisés et crêpés en racines droites, comme le dit l'auteur que nous avons cité plus haut. Henri III ayant perdu tous ses cheveux à la suite d'une maladie secrète fruit de ses débauches, et ne pouvant se résoudre à laisser voir sa calvitie, prit une barette à laquelle il fit attacher des cheveux sur les tempes, sorte de perruque qu'il n'ôtait jamais, pas même chez la reine. Son exemple ne tarda pas à être suivi par les nombreux débauchés de sa cour, qui avaient à cœur de cacher aux regards du public les ravages de leurs vices, et l'usage des perruques devint commun parmi les hommes. Cet usage des perruques n'était pas nouveau en France ; il était déjà connu au 13e siècle ; nous voyons en effet, Alexandre de Halès, auteur dont on ne peut révoquer en doute la véracité, se montrer l'ennemi des faux cheveux dans son explication de la somme de Pierre Lombard.

Guillaume Coquillard, official de Reims en 1484, nous apprend aussi que les perruques étaient fort communes avant que François Ier amenât la mode des cheveux courts. Voici en quels termes il s'explique :

> Les autres par fœlz appetitz
> De la queue d'ung cheval painte
> Quand leurs cheveulx sont trop petitz
> Ils ont une perruque fainlte.

Dans un autre endroit il ajoute :

> Ainsi que Lombards et Romains,
> Ilz portent ung cheveulx de laine,
> Tous propres, pignez et bien paingz,
> Pour jouer une magdelaine.

On voit par ce qui précède qu'on donnait alors le nom de perruque à la chevelure naturelle, et qu'on appelait perruque fainlte, ou fausse perruque, les cheveux postiches.

Au milieu de cette démoralisation générale, les Protestants seuls avaient conservé une sévérité de mœurs poussée peut-être jusqu'à l'affectation ; leur costume était d'une grande simplicité, ils portaient des pourpoints à manches étroites, et dont le corsage était plus court que celui des catholiques, et pour se distinguer de ceux-ci ils avaient conservé des trousses amples et descendant jusqu'aux genoux. Cette mode prit faveur sous le règne de Henri IV, en dépit des catholiques et des ligueurs, qui demeurèrent fidèles au costume de Henri III. Vigenére nous a laissé le portrait de deux élégants de la fin du 16e siècle. « L'un, dit il, porte le » pourpoint juste collé sur le corps, court de buste, et étroit de manches, un cha- » peau à l'Albanaise en obélisque, haut d'une coudée et à très petits bords, de » longues anaxrides marinesques, provençales, grecques, un manteau long, » plantureux, tabaré, plein forcée, balayant la terre, et un simple ravers de che- » mise, de l'épaisseur d'une jocondate, mais crenelé (*découpé*) à barba- » canne. L'autre a un pourpoint plantureux, ample de corps, à grandes ba- » lafres sur un panseron à la poulaine, garni, cotonné, calefeutré, embaulé, rebondi » comme un bât de mulet, et descendant près des genoils, les manches pendantes » à l'endroit du coude, comme une chausse d'hypocras ; il porte un grand som- » brere aplati en cul d'assiette, avec un rabat se qui pédal ; au lieu de haut de

» chausses, un petit bourrelet, froncé, recueilli, boulonné à coupons de carpe,
» mais le bas allongé en flûte d'Allemand, un gentil petit frisque, gais troussé
» mantelin qui allait escarmoucher la ceinture, et la tête en passée à travers une
» meule de moulin, godronnée en tuyaux d'orgue, fraisés en choux crépus. »

Henri IV qui avait passé la plus grande partie de sa vie sur les champs de
bataille, avait beaucoup plus d'estime pour une bonne cuirasse que pour un
vêtement bien taillé ; il méprisait le luxe, et s'habillait toujours avec une grande
simplicité. L'histoire nous apprend que lors de l'entrevue qu'il eut avec Henri III
quelque temps avant la mort de ce dernier, il portait un pourpoint de couleur
grise, un haut de chausses de velours feuille morte, un manteau écarlate, et qu'il
avait la tête couverte d'un chapeau gris, surmonté d'un grand panache et orné
d'une médaille. Il conserva la même simplicité sur le trône, et ne portait ordinairement que des habits de soie noire. Dans les grandes solennités, son costume était plus riche, son pourpoint était de soie blanche richement brodée en
or; pardessous il portait une ample culotte de même étoffe, mais qui n'était pas
froncée au genou comme à l'ordinaire ; son manteau était écarlate, avec une
large bordure d'or, son cou était toujours garni d'une fraise à double rang de
tuyaux (la meule de moulin de Vigenère), et ses cheveux taillés assez courts
étaient relevés en touffes sur le devant à la manière de François Ier.

Les chapeaux qui étaient d'abord d'une forme très élevée avec de petits bords,
furent remplacés par d'autres plus bas, et dont les larges bords se relevaient
d'un côté (Voyez fig. 6). La barbe était pointue et les cheveux courts; cependant vers la fin du règne de Henri IV quelques élégants laissaient croître leurs
cheveux et portaient la barbe plus arrondie. Les cheveux de ce monarque étaient
devenus gris de bonne heure, par suite de ses fatigues en guerre et en amour.
Les courtisans toujours flatteurs, voulurent aussi avoir des cheveux gris,
et vers le commencement du 17e siècle, les hommes et les femmes se pou-
draient avec de la poudre rousse.

Ce que nous avons dit des hommes sous les successeurs de François Ier peut
également s'appliquer aux femmes ; car elles se livraient à la débauche et aux
plus honteux excès, avec une frénésie qui surpasse toute croyance. Sous le règne de Henri III, leur manière de se vêtir n'était pas moins ridicule que celle
des hommes; comme ces derniers elles crurent ajouter à leurs charmes en se
faisant une taille excessivement fluette. C'est pourquoi le corsage de leur robe
était garni de baleines, étroit, roide et pointu par devant; en revanche, les manches étaient fort amples, principalement vers les épaules, dans le genre des
manches à gigot (Voyez figure 4). Il est même plus que probable que ce
fut dans les modes du 16e siècle que nos couturières puisèrent ce type, qui
fut poussé jusqu'à l'exagération. Les femmes de la cour de Henri III, employaient également les coussins balainés et même les paniers pour se donner une
rotondité extraordinaire. Elles portaient ainsi que les hommes de larges collets
tuyautés à un ou plusieurs rangs. Leur coiffure était presque exactement semblable à celle des hommes, par-devant du moins ; elles ornaient le bec de leur
toque d'une ou deux plumes d'autruche, retenues par un bijou d'or. Leur coiffure en cheveux était toujours excessivement plate, les ornements qu'on mettait par derrière était très peu volumineux, ce qui se conçoit d'autant mieux, que
la fraise montait très haut, et ne souffrait aucun obstacle; les ornements qui
avaient quelque volume se plaçaient sur le devant de la tête (1). Sous le règne de

(1) La figure 7 représente la coiffure ordinaire des dames de la ville.

Henri IV, les coiffures de femmes furent plus élevées ; on voyait bien encore quelques tapets en racines droites échancrés du milieu, comme sous le règne précédent ; mais la reine Marie de Médicis et les dames de la cour se faisaient une espèce de chinoise en pain de sucre, composée de 5 ou 6 étages de cheveux crépés et roulés, formant des cercles superposés horizontalement, et couronnés d'un fort crochet de cheveux, partant du centre. Cette coiffure était si travaillée, il y avait un tel luxe de cheveux, que les ornements n'y jouaient pas un grand rôle ; c'est à peine si l'on y plaçait çà et là quelques diamants, quelques fils de perles (Voyez fig 3 et 5.

Nous avons dit plus haut que les femmes du temps de Henri III portaient des coussins et des paniers ; elles firent plus sous Henri IV et placèrent sous leurs jupes à la hauteur de la ceinture, un cerceau de trois centimètres de circonférence, qui donnait à la partie inférieure du corps la forme d'un gros tonneau. Les corsages, quoiqu'ils fussent encore assez longs, ne formaient plus cette longue pointe, si fort à la mode sous Henri III ; les manches étaient plus étroites aussi, et les jupes s'ouvraient par devant pour laisser voir le par-dessous; mode qui avait déjà été en vigueur sous Louis XII et François Ier (Voyez fig. 5).

Les dames de la cour de Henri IV portaient encore les grandes fraises, mais il était de meilleur goût de porter un grand collet de dentelles, soutenu par une carcasse de fil d'archal. Elles portaient aussi des masques ; cette mode, qui avait pris naissance sous le règne de François Ier, prit sous ses successeurs un si grand développement, qu'au commencement du 17e siècle une femme noble ne pouvait pas décemment se montrer en public sans avoir le visage couvert d'un masque.

Les armures subissaient en quelque sorte les mêmes modifications que les habits civils ; on faisait les cuirasses excessivement pointues par le bas, et on divisait les cuissards en deux parties, à cause des trousses, que sous Henri IV on portait très amples. Il régnait une grande variété parmi les casques ; cependant, on portait le plus communément des haumes et des morions. Ce fut sous Henri IV qu'on donna le nom de dragons aux cavaliers nommés auparavant carabins, parce qu'ils étaient armés de carabines.

Le luxe était toujours excessif, malgré les lois somptuaires, et les édits royaux ; l'histoire nous apprend que la célèbre Gabrielle d'Estrée maîtresse de Henri IV portait une robe de soie noire tellement surchargée en pierreries de toute espèce, qu'elle pouvait à peine marcher ; son seul mouchoir coûtait 1500 écus, somme considérable alors. On sait aussi que l'élégant Bassompierre portait au baptême de Louis XIII un habit qui coûtait 14000 écus.

Règne de Louis XIII.

LOUIS XIII.

La France longtemps déchirée par les guerres civiles, respirait enfin sous le règne de Henri IV; le sage Sully avait réabli l'ordre dans les diverses parties de l'administration et favorisait de tous ses efforts les progrès de l'industrie natiotale; tout changeait de face, tout subissait une heureuse métamorphose, quand Henri IV tomba sous le couteau de Ravaillac en 1610. Sa mort fut pour le royaume une effroyable calamité; les sources de la prospérité se tarirent, les guerres civiles recommencèrent, la noblesse féodale leva de nouveau l'étendard de la rébellion; mais heureusement pour l'avenir de la France, il se trouva là un homme de génie, un grand politique, le cardinal de Richelieu, qui s'emparant des rênes du gouvernement, trop pesantes pour la main débile de Louis XIII, comprima la rébellion, étouffa l'hydre de la guerre civile, en faisant tomber les têtes les plus altières, et sauva le royaume, en faisant peser sur lui un système de terreur et de sang.

Louis XIII n'était âgé que de 9 ans quand mourut Henri IV; la reine-mère Marie de Médicis fut nommée régente du royaume. Pendant plusieurs années, l'habillement des hommes ne subit aucune notable modification, c'était toujours à quelque chose près celui du règne de Henri IV. Il n'en fut pas de même des cheveux: pour suivre l'exemple du jeune monarque, qui portait les cheveux longs et crépés, les courtisans adoptèrent à l'envie cette mode et crépèrent leurs cheveux de telle façon que leurs têtes ressemblaient à de grosses boules. (Voyez fig. 8). Là ne se borna pas leur désir de plaire à l'enfant royal ; comme les longues barbes l'effrayaient, ils diminuèrent considérablement les leurs, à l'exception cependant, des vieillards, des magistrats et des habitants de la campagne. Bientôt ces barbes qui étaient généralement pointues furent remplacées par des moustaches relevées, et par une royale. Devenu homme, Louis XIII abandonna le premier la mode ridicule des cheveux crépés. il laissa croître les siens et les fit flotter sur ses épaules, en ayant soin toutefois de réunir les plus longs avec une rosette de ruban attachée à leurs extrémités. Les courtisans se hâtèrent, comme on le pense bien, de suivre l'exemple du monarque, et on vit renaître la mode des cheveux longs abolie par François Ier. Cette nouvelle mode fut très favorable au progrès des perruques, car ceux des flatteurs et des élégants, qui avaient la tête chauve, et qui ne voulaient cependant pas paraître retardataires, firent usage de cheveux postiches. Louis XIII en fit lui-même usage lorsqu'il devint chauve, et l'histoire nous apprend, qu'ils étaient si artistement arrangés, qu'on ne pouvait pas facilement les distinguer des cheveux naturels. Son exemple fut suivi par tout le monde. Pendant les 15 premières années du 16e siècle, on laçait les cheveux dans un toilé étroit de tisserand, ou dans un tissu de franges nommé point de Milan (1). Les toilés garnis de cheveux s'attachaient à des culottes de peau de mouton très fine, connue sous le nom de cannepin.

---

(1) D'après ces documents que nous extrayons de l'histoire des perruques du savant Nicolaï, il n'est pas douteux que sous le règne de Louis XIII les perruquiers n'aient connu l'implanté au métier, ainsi que le font de nos jours les frères Lava-

Ce fut aussi à l'époque de la régénération des cheveux longs, que l'on commença à allonger les busques du pourpoint, qu'on rétrécit les haut de chausse, et que l'on porta des chapeaux de forme ronde et basse, avec de larges bords et un panache de trois couleurs. Ce ne furent pas là les seules modifications que Louis XIII fit subir aux modes de son époque. Amateur passionné de la chasse et de l'équitation, et très peu galant de son naturel, ce monarque était toujours botté et éperonné; les courtisans en firent autant; et les souliers furent exclusivement réservés pour les bals. Ces bottes avaient des talons élevés, leurs tiges étaient très évasées par le haut, et se rabattaient sur les mollets; leurs embouchures étaient ornées de soie et de dentelle.

A cette époque le pourpoint des hommes descendait plus bas que les hanches; il était fendu par devant comme les gilets de nos jours et se boutonnait droit jusqu'au milieu de l'estomac, et à partir de là, restait ouvert pour laisser voir la chemise; les manches étroites au poignet, devenaient plus larges vers le haut du bras; elles étaient fendues pour laisser voir celles de la chemise. Le bas de ces manches était garni de manchettes, élégamment découpées et rabattues sur le bras. Le pourpoint était aussi orné tout autour d'un large galon d'or, et avait plusieurs crevés sur la poitrine. Quelquefois on remplaçait les boutons par des nœuds de rubans. Le haut de chausses ballonné avait pour ainsi dire entièrement disparu, il finit même par être très collant; il descendait jusqu'au genou, et se terminait par des jarretières de dentelle, ou par une ruche de rubans. Il était, aussi bien que le pourpoint, orné sur les côtés d'un large galon d'or ou d'argent, et quelquefois même d'une foule de petits boutons de métal plus ou moins précieux. Les hommes portaient en outre de grandes colerettes de dentelles qui couvraient toutes les épaules. Par-dessus le pourpoint ils portaient en outre une sorte de pardessus à manches et qui ne descendait guère plus bas que les hanches. Le manteau sans manches ne se portait plus que dans les grandes cérémonies, et se plaçait sur l'une ou l'autre épaule. Les chapeaux étaient, ainsi que nous l'avons déjà dit, peu élevés et à larges bords; un peu plus tard on échancra les bords et on les releva des deux côtés; enfin vers la fin du règne de Louis XIII, ils étaient communément noirs, hauts, pointus, et à bords étroits comme celui de la fig. n° 12.

Les modes des hommes subirent des changements pendant la minorité de Louis III; comme le jeune monarque portait ordinairement une petite veste ronde et courte, les courtisans pour mieux lui faire leur cour, supprimèrent les busques de leurs pourpoints, et portèrent des vestes si courtes qu'elles ne descendaient pas jusqu'à la ceinture des haut-de-chausses, et laissaient voir la chemise sur le ventre. Les manches de ces vestes étaient très étroites; on portait toujours des manchettes, mais on avait remplacé les larges collerettes par un simple col de chemise rabattu. Le haut-de-chausses ou plutôt la culotte était alors extrêmement collante; par décence, on porta, à la place des braguettes de Henri II et de Charles IX, plusieurs étages de rubans tuyautés dont le dernier simulait une ceinture. Le chapeau était pour ainsi dire semblable aux nôtres à l'exception qu'on l'ornait d'un nœud de ruban sur le devant, et d'un panache sur le côté gauche; les cheveux étaient fort longs et flottaient sur les épaules,

---

querie; les tresses étaient également connues, car ces franges ne devaient être que des tresses à 3, 4 ou 5 soies. D'ailleurs on assure qu'un coiffeur nommé Courtin inventa la passée sous François Ier. Au surplus, qu'on se rappelle ce que nous avons dit des Chinois, et l'on verra qu'il y a bon nombre de siècles que l'art de tresser le crin et les cheveux était connu.

Bien différent de son père, dont la galanterie est devenue proverbiale, Louis XIII était d'une austérité de mœurs qui allait jusqu'au ridicule. On raconte de lui, qu'un jour se trouvant à table, en face d'une jeune femme dont la robe était excessivement décolletée, il lui lança une gorgée de vin sur les seins. Cette austérité du monarque exerça, comme on le pense bien, une grande influence sur les modes des femmes de son époque, et les rendit plus décentes que sous les règnes précédents. Les reines exerçaient sur les modes des femmes au moins autant d'influence que les monarques sur celles des hommes; les dames de la cour ne se montraient pas moins jalouses que leurs maris de flatter les goûts de leur maîtresse. Pendant la minorité de Louis XIII, la régente Marie de Médicis ayant acquis avec l'âge un embonpoint assez remarquable, et ne pouvant plus, sous peine d'être ridicule, avoir un corsage long et élancé, comme on en portait sous Henri IV, en adopta de très courts; les dames l'imitèrent, et bientôt cette mode fut poussée jusqu'à l'exagération; on se fit un point d'honneur d'avoir une taille qui ne descendait guère plus bas que les seins, et de porter une longue jupe à queue: pour pouvoir l'allonger encore davantage, on adopta des mules dont les talons avaient jusqu'à 12 centimètres de hauteur.

Cette robe, ou plutôt ce par-dessus, était ouverte par-devant du haut en bas; on le pinçait sur la poitrine à l'aide de brandebourgs ornés de pierreries. Quant à la jupe, elle s'ouvrait de manière à laisser voir celle de la robe de dessous; les manches de la première étaient quelquefois fendues depuis l'épaule jusqu'au coude, afin de laisser passer le bras; d'autres fois elles se terminaient à la saignée. Comme les hommes, elles portaient plusieurs nœuds de rubans sur la poitrine, sur les manches, et même sur le devant de la jupe; comme eux aussi, elles portaient de larges collerettes qui leur couvraient les épaules. En négligé, on mettait des basques au corsage, et on portait un devantier ou tablier. Vers la fin du règne de Louis XIII, les femmes portaient des guimpes doublées, à pointes, et fendues par-devant, de telle sorte que le plus léger accident les dérangeait et laissait la gorge à découvert. Sous la régence d'Anne d'Autriche, on découvrit davantage les seins, et on les parsema de mouches noires, rondes ou longues, qu'on plaçait même sur les mamelles; les hommes et les femmes en plaçaient sur leur visage, comme on le fait encore maintenant pour se travestir.

La coiffure des femmes subit à peu près les mêmes changements que celle des hommes: quand ceux-ci, crêpèrent leurs cheveux, les femmes en firent autant; seulement elles s'ombrageaient le front d'une foule de pointes de cheveux ou de crochets, ce qui, joint à la forme déjà si originale, leur donnait un air tout étrange. Les ornements le plus en usage avec cette coiffure étaient les panaches de plumes de diverses couleurs, que l'on plaçait sur le sommet de la tête ou bien sur le côté; mais les plumes assez courtes, du reste, étaient dirigées en l'air. Un petit bouillon de velours posé contre la tête et au pied des plumes, venait donner un peu d'ampleur à ce *coiffage* qui n'ornait par-derrière que le bas du cou. Elles abandonnèrent cette mode quand les hommes laissèrent croître leurs cheveux; elles portèrent des boucles flottantes nommées bavolants, ou garçons, mode qui avait été créée par les jeunes gens de la cour, et qui donna naissance aux jolies coiffures de la Ninon et de la Sévigné; le reste de la chevelure était arrangée en forme de couronne sur le derrière de la tête. Nous ne savons si Christine de France, sœur de Louis XIII, portait ou ne portait pas de faux cheveux; mais un portrait d'elle que nous avons vu à la galerie de Versailles, et dont nous offrons la coiffure, nous ferait croire qu'elle avait l'habitude de porter une perruque frisée en boudins (Voyez fig. 3). Cette coiffure, quoique faite au fer rond et avec beaucoup de symétrie, n'en est pas moins une variante de celle qui était de mode pendant les premières années du règne de Louis XIII et dont nous avons donné la description.

Quoique Louis XIII fût très simple, il y avait encore un luxe excessif sous son règne; on portait il est vrai peu de drap d'or, mais en revanche les habits de velours et de soie étaient couverts de broderies d'or et d'argent. En 1633 Louis XIII défendit toute espèce de drap d'or et d'argent, ainsi que les broderies; mais cette défense ne produisit pas un grand effet.

La perfection qu'acquéraient chaque jour les armes à feu rendait à peu près inutiles les armes défensives; aussi, à cette époque, les chefs seuls portaient-ils des cuirasses, les soldats n'avaient plus que des cuissards et des casques. Les gardes du roi avaient un L et une couronne brodés sur leurs pourpoints qui seuls étaient en uniforme, les autres militaires n'avaient pas encore d'uniformes, et s'habillaient comme bon leur semblait.

LOUIS XIV.

Louis XIII en mourant laissa la couronne de France à son fils Louis XIV, qui n'avait pas encore cinq ans, et dont la tutelle fut confiée à sa mère Anne d'Autriche, avec le titre de régente. Ce règne fut aussi remarquable par sa longue durée, que par les choses extraordinaires qu'il enfanta. Jamais, depuis la fondation de la monarchie, la France n'avait vu tant d'hommes illustres; ne suffit-il pas de nommer Racine, Boileau, Massillon, Bossuet, Fénélon, Turenne, Luxembourg, Condé, pour avoir une idée exacte de cette partie de notre histoire, qui prit le nom de siècle de Louis XIV. Malheureusement le monarque était dominé par un orgueil excessif et par une ambition qui ne connaissaient point de bornes, et qui le fit tomber dans des écarts incompréhensibles : dur, hautain, d'une cupidité sans exemple, il épuisa les ressources du royaume et prépara des tribulations sans nombre à ses successeurs.

Nous avons dit que pendant la minorité de Louis XIV, on avait adopté, à la cour du moins, une veste courte et étroite; cette mode (Voyez fig. 3) prit faveur, et devint bientôt générale. Les manches, déjà fort courtes, le furent encore davantage; leurs extrémités furent garnies de rubans et de dentelles. En revanche les culottes devinrent plus amples, et bouffantes aux genoux. Les bottes, qui avaient été si fort à la mode sous le règne de Louis XIII, disparurent peu à peu, et finirent par ne plus être portées à la cour; on les remplaça par des souliers ornés d'une forte rosette de ruban sur le coude-pied, et dont les talons étaient très hauts; les talons rouges étaient le signe caractéristique auquel on reconnaissait un courtisan. Les cheveux divisés en deux parties égales sur le milieu de la tête, tombaient de chaque côté, et flottaient en longs tire-bouchons sur le dos et les épaules. Une révolution complète s'opéra dans le costume des hommes, lors de la majorité de Louis XIV. On conserva toujours la veste; mais on porta par-dessus un surtout dont les basques descendaient jusqu'à mi-cuisse environ, et dont les manches, retroussées jusqu'à la saignée,

Règne de Louis XIV.

formaient deux larges parements, et laissaient voir les manches de la veste, celles de la chemise, ainsi que les manchettes. La veste s'alongea insensiblement, et, vers 1680, elle descendait presque aussi bas que le surtout (1). On portait avec ce costume, des chapeaux à larges bords, ou relevés par-devant et par derrière ; bientôt, ces bords furent relevés triangulairement, comme ceux que les prêtres portent encore de nos jours. On les garnissait encore de plumes et de rubans. Les bas étaient excessivement collants, on les renferma d'abord sous la culotte, mais vers la fin du 17ᵉ siècle on les mit par-dessus de manière à former un gros bourrelet sur les genoux. On les nomma *bas à canon, à la royale*. Les bottes n'étaient plus portées que pour monter à cheval ; les talons des souliers avaient de trois à cinq pouces de hauteur. Les hommes portaient des gants dont le poignet était très large et garni de longues franges. Vers la fin du règne de Louis XIV, les manches du surtout n'étaient plus, comme dans l'origine, retroussées jusqu'au coude ; elles descendaient jusqu'au poignet, et étaient garnies de hauts et larges parements qui étaient toujours d'une couleur différente de celle de l'habit, et galonnés plus ou moins richement. On portait aussi sur le devant de la poitrine un long rabat semblable à ceux que les magistrats portent encore aujourd'hui. On faisait sur l'épaule droite, une large attente en rubans.

Aux jours de grandes solennités, Louis XIV, trouvant sans doute que le costume de son époque n'était pas assez somptueux et ne relevait pas assez la dignité royale, portait un pourpoint sans basque, des trousses courtes et bouffantes, des culottes collantes, et un grand manteau bleu de ciel parsemé de fleurs de lys. C'était sous ce costume somptueux, que relevait encore une imposante coiffure, que l'on pouvait reconnaître l'orgueilleux monarque dont les despotiques volontés ne souffraient pas d'obstacles. La chevelure des hommes subit sous le règne de Louis XIV une notable modification ; on portait toujours les cheveux excessivement longs ; mais comme la mode exigeait qu'ils fussent noirs, il fallut bien que ceux qui étaient blonds ou roux eussent recours aux perruques. On peut dire que le siècle de Louis XIV fut l'âge d'or des perruques : ce monarque qui, dans sa jeunesse, avait toujours manifesté une grande aversion pour les cheveux postiches, finit cependant par adopter une perruque et tous les courtisans s'empressèrent de l'imiter. On ne sait pas au juste à quelle époque eut lieu cette révolution dans la coiffure ; toujours est-il que Louis XIV créa, en 1656, quarante charges de perruquiers suivant la cour, et, en 1673, un corps de deux cents perruquiers pour la ville de Paris.

Cette corporation prit un grand et rapide développement ; car on trouve qu'en 1760 elle comptait 850 membres : elle fut dissoute en 1770, après un long procès qu'elle eut à soutenir contre les coiffeurs des dames, qui venaient d'être déclarés artistes par un décret du conseil d'état, et qui s'étaient en grande partie séparés des perruquiers, pour prendre un plus grand essor. Vers le milieu du 17ᵉ siècle, alors même que l'art du perruquier atteignait en France son plus haut degré de splendeur, un orage terrible vint fondre sur lui et le menacer d'une ruine complète. Colbert, voyant les sommes immenses qui sortaient du royaume pour l'achat des faux cheveux, pensa qu'il était de son devoir d'abolir l'usage des perruques ; il présenta même plusieurs modèles de bonnets destinés à les remplacer. Louis XIV n'était pas encore revenu de l'aversion qu'il avait pour les perruques ; il abonda facilement dans le sens de son ministre, et en eût probablement adopté

____

(1) Ces mêmes vestes (Voy. fig. 7), dont on supprima plus tard les manches, devinrent ce qu'aujourd'hui nous appelons des gilets.

le projet; mais les perruquiers, menacés dans leurs intérêts, employèrent toutes les ressources du calcul et de la logique, et parvinrent à persuader au ministre que l'envoi de plusieurs milliers de perruques à l'étranger faisait rentrer au décuple l'argent qui sortait du royaume pour l'achat des cheveux. Colbert leva l'interdit, et les perruques, sorties triomphantes de la lutte, prirent un volume et un développement plus grands que jamais. Louis XIV et les seigneurs de sa cour en portaient qui pesaient un kilogramme et plus et coûtaient jusqu'à 3000 francs. Les cheveux de ces perruques disposés en plusieurs longueurs, sur la règle des divisions que nous donnons plus loin, fournissaient des masses de boucles flottantes qui s'étageaient à partir du milieu du dos jusqu'au pied du toupet, partie de la perruque où les tresses, composées de pointes de cheveux frisés soutenus par un léger fond de crépés, étaient montées en chamarage et fournissaient une touffe volumineuse fendue au milieu. Ces belles perruques furent inventées par Binette en 1680 (Voy. fig. 1), et furent appelées *devant à la Fontange* du nom d'une maîtresse de Louis XIV, qui était alors en faveur. Avant cette époque, le dessus de tête des perruques était plat, comme dans la coiffure du règne de Louis XIII; et les jeunes courtisans conservèrent toujours cette mode comme plus simple et plus gracieuse, et laissèrent le *devant à la Fontange* aux personnages graves ou d'un age mûr. Contrairement à son habitude, le clergé ne lança pas ses foudres contre les perruques, il les adopta même. Le premier prêtre qui en porta une fut l'abbé Barbier de Larivière; il est vrai de dire aussi que les ecclésiastiques n'avaient que de modestes calottes dans lesquelles on cousait des boucles de cheveux. Cependant, comme pour former exception à la règle générale, l'Evêque de Toul André Saussay et l'abbé Thiers prirent la plume contre les perruques, et avancèrent dans leurs écrits, que tous les prêtres qui portaient perruques seraient damnés. L'abbé Thiers ne parle que des prêtres; les laïques, dit-il, ne me regardent pas; il finit par former le vœu que le pape publie une bulle, par laquelle il serait défendu très expressément et sous de grandes peines à tout ecclésiastique, de porter des perruques ni petites, ni grandes, ni tours, ni demi-tours, ni enfin de cheveux étrangers; il souhaite ensuite que le roi de France défende, avec la même rigueur, aux présidents et aux conseillers de parlement, de se montrer avec de longues robes; Clément XI défendit effectivement en 1703, sous peine de l'interdit, à tous les ecclésiastiques, prêtres disant la messe, ou non, de porter perruque. Ce ne fut pas la seule défense de cette nature; on trouve à cet égard plusieurs documents dans l'histoire ecclésiastique du 18ᵉ siècle; nous renvoyons les lecteurs aux extraits que nous en avons donnés dans la XIᵉ livraisons de cet ouvrage.

Le costume des femmes ne subit aucun changement jusqu'au mariage de Louis XIV avec Marie-Thérèse d'Autriche. La régente Marie de Médicis avait amené la mode des tailles courtes; Marie-Thérèse qui avait une très belle taille, voulut en faire parade et ramena la mode des tailles longues et des corsages pointus par devant. La robe de dessus longue et formant queue toujours fendue par-devant et drapée avec goût afin de laisser voir un par dessous d'une étoffe fort riche et d'une couleur différente de celle de la robe (1). Les manches de la robe ne couvraient que le haut du bras, et étaient ornées de longues et larges manchettes de dentelles, dont le pied se trouvait presque toujours recouvert par un sabot, un bouillon et des bouffettes de rubans, ou bien des fleurs détachées. Ces femmes d'un goût incontestable savaient toujours établir une harmonie parfaite entre les ornements des manches et ceux de la robe. Pour cacher le reste du bras,

---

(1) Les grandes couturières de nos jours, qui vont toujours chercher leurs inspirations dans les modes du passé, appellent ce genre de vêtement *des robes à tablier.*

les élégantes portaient de longs gants, qui remontaient jusqu'à la naissance de la manche. Le costume d'hiver était semblable, pour la forme du moins, à celui que nous venons de décrire ; seulement la robe était de velours ou de brocard doublé de pluche et le pardessus d'hermine, de pluche ou de damas broché ; on y ajoutait une palatine de martre qui protégeait le cou et la poitrine. Les femmes et les hommes portaient des manchons en hiver.

Les robes furent assez décolletées tant que vécut Marie-Thérèse, mais après sa mort, la pruderie de Mme de Maintenon exerça son influence sur les modes ; les robes montèrent plus haut par derrière du moins ; car pour la gorge elle resta toujours découverte ; ce fut alors que l'on fit de grands corsages garnis de baleines qui faisaient remonter les seins et leur donnaient une forme plus prononcée. De cette époque datent aussi les falbalas et les écharpes. Les robes de Siamoise eurent la vogue un moment, de même que les étoffes à grands ramages, à larges barres, de couleurs vives et disparates, comme on en avait déja porté sous saint Louis. Les femmes se fardaient et portaient des masques, des cannes, des ombrelles, des éventails, en un mot elles raffinaient sur tout.

Pendant les premières années du règne de Louis XIV, les femmes portaient deux grosses touffes de cheveux frisés sur les côtés de la tête, coiffure connue sous le nom de touffe à la Mancini ; mais bientôt, à l'instar des hommes, elles firent deux gros tire-bouchons qui descendaient jusque sur la poitrine, et que l'on nommait des repentirs. Plus tard enfin, vers le commencement du 18e siècle les femmes se firent sur le devant de la tête, un toupet volumineux, qui imita le devant des perruques des hommes, et portèrent une coiffe ronde garnie de rubans, avec une avance tuyautée à triple rang qui s'elevait un peu au-dessus du toupet ; cette avance fut considérablement augmentée après la bataille de Steinkerque dont cette coiffure prit le nom. Parfois avec cette coiffe on portait des petits crochets sur le front et de légères touffes qui suivaient les contours de la coiffe jusqu'à la joue, et des barbes de dentelles flottaient sur le dos. Sous le règne de Louis XIV, le luxe devint une sorte de frénésie ; l'or, les diamants, les pierreries de toute espèce, ruisselaient sur les habits de cour ; le célèbre Jean Bart, ayant obtenu une audience de Louis XIV, se présenta devant le roi, tellement couvert d'or et de pierres précieuses, qu'il ne pouvait faire aucun mouvement.

Il serait difficile de se faire une idée des efforts que faisaient les dames de la cour, pour briller par leur bon goût, leur élégance, la richesse de leurs vêtements, la variété de leurs atours ; c'était un assaut continuel, auquel prenaient part les femmes les plus distinguées par leur naissance, leur position, leurs talents ; chacune avait son camp son drapeau, ses capitaines : Delaborde, Montgolbert, La Martin, coiffeurs renommés de l'époque, se disputaient l'empire de la mode et surtout de la vogue. Delaborde, chaudement appuyé par mad. de Sévigné, voulait-il faire adopter par la cour, les tire-bouchons mi-crêpés sur les tempes et les cheveux follets sur le front, vite on voyait Montgolbert, secondé par la duchesse d'Enghien, opposer à son rival les touffes courtes et légères, ainsi que les repentirs à la Fontange ; à son tour bientôt La Martin entrait dans la lice avec la coiffure immortelle de Lavallière, coiffure si remarquable par sa grâce et qui avait tant d'analogie avec celle à la Ninon, que nous offrons sous le n° 4.

<table>
<tr><td>N° 1 Louis XIV.</td><td>N° 5 Bourgeoise.</td></tr>
<tr><td>2 M. de Grignon.</td><td>6 Coiffure Sévigné.</td></tr>
<tr><td>5 Seigneur au commencement du règne.</td><td>7 Costume des hommes sur la fin du règne.</td></tr>
<tr><td>4 Ninon.</td><td>8 Dame coiffée d'une avance tuyautée.</td></tr>
</table>

LOUIS XV.

Louis XIV, qui avait commencé à régner avec tant d'éclat et de bonheur, mais qui dans sa vieillesse avait été accablé de chagrins et d'ennuis, mourut en 1715, à l'âge de 77 ans ; son successeur Louis XV n'avait alors que 5 ans, la régence fut confiée à Philippe d'Orléans, premier prince du sang.

Jusqu'au mariage de Louis XV avec Marie Leezinska, les hommes continuèrent toujours à se vêtir comme sous le règne de Louis XIV; sous la régence, les élégants, afin sans doute de donner plus de grâce à leur tournure, adoptèrent l'usage de hanches postiches, sorte de petits paniers, qui faisaient ouvrir la jupe du surtout, de manière à laisser voir la veste du gilet, dont l'étoffe était extrêmement riche, et dont les pans descendaient presqu'aussi bas que ceux de l'habit de dessus, c'est-à-dire presque jusqu'au genou. Généralement, l'étoffe de la veste était semblable à celle du surtout. Ce dernier se boutonnait droit sur la poitrine, mais on le laissait ouvert par en haut, de manière à ce qu'on pût voir le jabot, qui avait succédé au rabat, et la cravate qui se nouait à volonté. L'hiver de 1739 ayant été d'une extrême rigueur, les hommes, pour se garantir du froid, empruntèrent des Anglais la mode des longues guêtres, qui couvraient tout le coude-pied, et montaient plus haut que le genou, en se boutonnant, sur le côté extérieur. On ne saurait mieux comparer ces guêtres, pour la forme du moins, qu'à celles que portaient les soldats français sous la république et sous l'empire. Ce fut aussi à cette époque que nous empruntâmes aux Anglais l'usage de la redingote qui, du reste, ne différait pas essentiellement du surtout qu'on portait déjà depuis Louis XIV. Les pans de la veste furent raccourcis jusqu'à mi-cuisse, les talons hauts furent abandonnés, et les bas blancs remplacèrent exclusivement les bas de couleur qui avaient été de mode jusqu'alors. Les nobles lorsqu'ils étaient à la campagne, commençaient déja à porter les pantalons longs, comme les nôtres. Pour coiffure on portait toujours le chapeau triangulaire.

Les perruques furent singulièrement modifiées sous le règne qui nous occupe; le régent réduisit considérablement leur volume ; elles ne descendaient guère plus bas que l'oreille ; à cette époque le roi de Prusse, Frédéric Guillaume Ier ayant adopté et fait adopter à ses soldats une queue enveloppée d'un ruban noir, le régent de France réforma aussi la coiffure de ses soldats ; mais au lieu de lier les cheveux dans une queue, ou salsifi, on les renferma dans une bourse ; c'est pourquoi ces perruques à bourse furent longtemps appelées perruques à la régence. Cependant l'état-major porta jusqu'au milieu du 18e siècle de grandes perruques carrées, dites à l'Espagnole et qui descendaient en longues tresses sur le dos. Beaucoup d'officiers portaient aussi d'épaisses perruques, dites à la brigadière qui formaient deux tire-bouchons par derrière : la perruque à bourse finit par être remplacée, en grande partie du moins, par celle à une ou deux queues. Il y avait des perruques pour toutes les classes de la société ; les magistrats portaient les perruques in-folio, ou à la Sartine; les médecins la perruque à trois marteaux; les nobles des perruques à circonstance ; les bourgeois avaient des perruques à boudins de crins, les abbés des perruques rondes. Toutes ces perruques, faites selon les règles prescrites par le traité de l'art du perruquier étaient poudrées au

N.ᵒˢ 6 & 7 Régence
N.ᵒ 1 Louis XIV
XV
N.ᵒˢ 2. 3. 4. 5 & 10
Louis XVI.

givre, avec de la poudre d'amidon plus ou moins blanche ou plus ou moins rousse, selon la couleur des cheveux et le teint des individus. (Voir 18ᵉ livᵒⁿ. pour la manière de fabriquer les poudres). Avec ces perruques on finit par adopter un claque qui le plus souvent se portait sous le bras. (Pour plus amples renseignements, voir la planche aux perruques.)

Jusqu'en 1755 environ, l'armée conserva toujours la forme des vêtements civils; à cette époque on adopta pour la plus grande partie de l'armée, les guêtres longues, dont nous avons parlé plus haut, les habits à revers avec les pans retroussés par devant et par derrière.

Les paniers et les cerceaux, après avoir joui d'une belle vogue sous le règne de Henri IV, avaient cessé d'être de mode en France, depuis le commencement du règne de Louis XIII. En 1714, quelque temps avant la mort de Louis XIV, deux Anglaises se présentèrent à la cour, avec des paniers de moyenne dimension et une coiffure basse (1); le monarque ayant paru approuver ce costume, les dames de la cour toujours attentives à flatter les goûts du maître, s'empressèrent à l'envi d'adopter cette mode; mais comme en France, on pousse tout jusqu'à l'exagération, en 1726, onze ans après la mort de Louis XIV, les paniers avaient acquis un tel développement, que leur diamètre égalait presque la hauteur de la personne qui les portait. Par opposition, on adopta des bonnets si bas et si petits qu'ils ne couvraient qu'une partie du sommet de la tête. On reprit aussi les corsages très longs et très pointus pardevant, et on fit les robes plissées. Enfin en 1753, on commença à abattre les paniers d'abord par-devant, puis par derrière, le grand panier ne fut plus porté que dans les grandes solennités.

La coiffure des femmes était peu élevée, et généralement peu volumineuse ; le devant de la tête se composait de quelques rouleaux de cheveux effilés et légèrement crêpés. Sur le derrière de la tête, on faisait des tresses posées à plat, ou de petits chignons, les ornements se ressentaient un peu des modes de Louis XIV, Legros et Larseneur coiffeurs célèbres de l'époque étant essenteillement stationnaires, les ornements ni les poses ne variaient pas, on se coiffait en dormeuse, au désespoir, en papillons, en équivoque, à la grecque etc ; on ornait les cheveux de rubans, de fleurs, de cornets, de pompons, de perles et d'une multitude d'autres objets dont l'énumération serait trop longue. Vers l'an 1752, les dames de la cour adoptèrent la mode de se faire raccourcir les cheveux, et de les *frisotter* autour de la tête, ce qu'on appelait un mirliton (2). Plus tard, lors du mariage du dauphin avec Marie-Antoinette, cette princesse, légère, coquette, remplie d'imagination, et puissamment secondée par le génie inventeur de l'immortel Léonard, donna à la coiffure des femmes un développement et un essor, que jusqu'alors

---

(1) S'il faut en croire Villaret, ce furent également ces deux dames qui ramenèrent la poudre. Ces deux dames, dit-il dans son ouvrage qui porte pour titre : *Le coiffeur de la ville et de la cour* ; s'étant présentées un peu tard au dîner du roi, attirèrent l'attention générale par la profusion de poudre répandue sur leurs cheveux ; honteuses et confuses, elles perdaient presque contenance ; mais le monarque les rassura par quelques paroles de bienveillance, il donna des louanges à leur toilette, à leur coiffure surtout, et il n'en fallut pas plus, pour que les dames de la cour s'empressassent d'adopter la poudre. Du reste, il est certain qu'on se poudrait çà et là avant la mort de ce monarque ; car, M. de Gurcault, qui écrivit l'Art des perruquiers en 1760, dit positivement qu'un chevalier de Saint-Louis, ancien ami de Louis XIV, lui avait raconté que le roi détestait la poudre ; mais qu'on finit par obtenir de lui qu'il s'en laissât mettre un peu sur sa perruque.

(2) La perruque nᵒ 3 de la planche 3 du Perruquier de l'ancien régime, peut donner une idée de cette *disposition* de cheveux.

elle n'avait jamais atteint, et que depuis elle n'a jamais surpassé. Nous renvoyons nos lecteurs aux livraisons 22ᵉ et 24ᵉ de cet ouvrage, dans lesquelles nous avons discouru à fond sur cet habile artiste et sur les modes de son époque. Nous devons aussi payer un tribut d'éloges à Bizard, coiffeur d'hommes, cet artiste aussi fécond qu'ingénieux, avait pour maxime, que l'homme qui conçoit ne peut exécuter, aussi, se faisait-il toujours assister d'un élève qui exécutait les coiffures d'après ses conseils : telle était aussi la méthode de Legros qui, dans son ouvrage sur la coiffure, se vante d'avoir seul, bien compris l'art du coiffeur. Ce fut en 1771 que le professeur Lefèvre, définit l'art de la coiffure, dans un discours qu'il prononça en présence des élèves et amateurs de la coiffure, il faisait école, avait ses disciples et ses prévôts ; il a publié un ouvrage sur la coiffure à poudre, sur laquelle il donne les détails les plus minutieux (1). C'est de son livre que nous avons extrait l'article si profond qu'on trouve page 6 du premier volume.

LOUIS XVI.

Depuis la mort de Louis XV, c'est-à-dire depuis 1774, jusqu'à 1789, nous avons à signaler une foule de modification dans les modes françaises. On eut dit que l'esprit novateur, en même temps qu'il détruisait les vieux abus, voulut aussi verser l'étiquette des derniers règnes.

La seule modification notable, qu'avait subi l'habit des hommes jusqu'en 1780, consistait dans la diminution des basques ; on mit aussi à cet habit un petit collet montant droit comme celui des uniformes de nos jours. En 1785 cette mode fut définitivement renversée par les gens de cour, et on la remplaça, soit par le frac anglais, soit enfin par la polonaise, par l'habit à grandes bavaroises et galonné. en 1790 on portait beaucoup de draps mouchetés ; et la doublure était toujours d'une couleur différente de celle de l'habit, on donnait presque généralement à la culotte et à la veste, la couleur de la doublure de l'habit : souvent les bas étaient rayés, soit dans leur longueur, soit dans leur largeur. Les souliers avaient des talons bas, on plaçait sur le coude pied des bandes d'argent qui finirent par être démesurément larges.

La coiffure avait, comme le reste du costume, subi diverses modifications ; en 1775 on ne portait presque plus de bourses, et les queues étaient devenues d'un usage commun, général même. Les gens de la classe moyenne, commencèrent alors à tresser leurs cheveux et à les relever par derrière avec un peigne sous le chapeau.

La queue fut d'abord longue et mince, mais vers 1785 elle devint courte et grosse ; d'ordinaire on faisait deux ou trois bandes sur les tempes, plus tard on

(1) 10 ans avant la publication de l'ouvrage de Lefèvre, le nommé Poitevin, fondateur des bains Vigier sur la Seine, publia un ouvrage ayant pour titre : L'art du perruquier baigneur et étuviste, c'est de son ouvrage que nous avons extrait les perruques de l'ancien régime, ainsi que les planches concernant le perruquier, faisant partie de cette livraison. — D'après cet auteur, on doit présumer que les perruquiers de cette époque gagnaient beaucoup d'argent, car c'était chez eux que l'on se baignait et que l'on se faisait accomoder, et chacun sait qu'à cette époque de semblables services étaient grassement rémunérés.

les remplaça par des tire-bouchons, et enfin par des ailes de pigeons. Le tapé, qui primitivement n'était pas fort élevé, fut remplacé par des grecques ou touffes gigantesques. On pommadait et on poudrait toutes ces coiffures.

Le chapeau triangulaire était encore porté quelques années avant 89; mais alors parurent une foule de chapeaux, dont les plus remarquables étaient: le chapeau hollandais, de forme basse, à larges bords relevés d'un côté; le chapeau anglo-américain, assez semblable pour la forme à la casquette dite à la Buridan; le chapeau à la Railly; le chapeau à l'androssemann, à l'indépendant, à trois cornes. Les grands chapeaux coniques furent fort à la mode en 1789; on les ornait de cocardes et de rubans tricolores.

Marie-Antoinette était jeune, jolie, coquette; elle aimait les plaisirs et les fêtes joyeuses: aussi les mœurs, déjà si déréglées sous le règne de Louis XV, furent-elles bien loin de devenir plus décentes. Les femmes portaient des robes si décolletées, qu'elles ne pouvaient faire le plus petit mouvement sans que les extrémités des seins ne se montrassent; quelques-unes même avaient des corsages qui laissaient toute leur gorge à découvert. Alors aussi on vit reparaitre les paniers, qui avaient été presqu'abandonnés sous Louis XV; seulement on ne les plaçait que sur les hanches, de manière à faire paraitre la taille excessivement mince. Ces paniers, très incommodes dans la vie privée, furent abandonnés en 1785, et réservés pour les jours de cérémonies; on les remplaça par de petits paniers nommés poches, qu'on plaçait sur les hanches, et par un troisième, placé au bas des reins, et auquel on donna le nom de la 17e lettre de l'alphabet. La jupe du par-dessous des robes était assez courte, et garnie de dentelles et de falbalas; la jupe de la robe, au contraire, se terminait par une longue queue traînante. On adopta aussi la polonaise, ou robe à jupe fendue par-devant, très courte et très dégagée sur le devant et sur les côtés. Cette mode enfanta le caraco, ou veste garnie de falbalas, de fourrures, et qui avait beaucoup de similitude avec l'habit des hommes, puisqu'elle avait des parements, des revers, un collet, et que par-dessous on portait un gilet.

Les événements de 1789 opérèrent une grande métamorphose dans les habits des femmes; le luxe disparut, ainsi que les paniers; les seins se cachèrent sous un grand fichu placé sur la gorge, et les corsages, quoique toujours très décolletés par devant, montèrent très haut par-derrière.

Il avait fallu élargir les portes pour les paniers, il fallut les élever pour les coiffures de femmes, qui furent vraiment gigantesques sous le règne de Louis XVI. En 1775 on les porta déjà un peu élevées, en 1778 elles atteignirent jusqu'à deux pieds de hauteur; on les ornait de fleurs, de gaze, de dentelles et de velours, de perles, de colifichets, de rubans, de glands, de panaches et d'aigrettes. Les coiffures les plus élevées étaient surmontées par un bonnet composé de fichus jetés par-dessus des tapés de 15 à 18 pouces. La frégate à la Junon était d'une extravagance dont on a peine à se faire idée: que l'on se figure un chignon flottant sur le milieu du dos, et un vaisseau hissé au sommet d'une coiffure qu'on ne pouvait construire sans le secours d'un marche-pied. Léonard, dans ses mémoires, rapporte à cet égard plusieurs anecdotes curieuses: un jour, il construisit une coiffure si gigantesque sur la tête d'une grande dame, que cette dernière lui dit tout effrayée, que jamais elle ne pourrait entrer dans sa voiture. «Madame, lui dit gravement Léonard, je vous donnerai, si vous le désirez, l'adresse de mon carossier.» Un autre jour, ne sachant quel ornement ajouter à un de ces étranges édifices, il y mit fort adroitement une culotte de soie qui se trouva sous sa main. On plaisanta beaucoup le mari, comme on le pense bien. La reine Marie-Antoinette ayant perdu tous ses cheveux à la suite d'une couche, en 1785, cette mode ridicule et incommode fut abandonnée; les coiffures basses reprirent vigueur, et les fem-

mes se couvrirent la tête de chapeaux de soie et de gaze, aussi variés de formes
que de noms, ainsi que de bonnets que l'on ornait de fleurs, de plumes et de
rubans surtout vers 1790, époque où la poudre rousse était seule en faveur. A
cette époque aussi, les perruques à queue avaient considérablement diminué de
volume, le tapé était peu fourni; chez les hommes d'âge, les cheveux du crâne
étaient même couchés à plat en arrière, sans crêpure du tout (voir 22ᵉ livraison, pour la mode du tems). En 1790, les femmes, soit de gré, soit de force, prirent des chapeaux semblables à ceux des hommes, et ornés de rubans et de cocardes tricolores. En 1788, les dames abandonnèrent la poudre blanche, pour
celle blonde ou rousse, mode qui disparut en 1790 ; elles portèrent d'abord des
mules, puis des souliers à talons et peu élevés, et enfin, en 1790, des souliers
plats et à boucles, comme ceux des hommes.

Bien que l'orage révolutionnaire eût déjà ébranlé le trône et mis la royauté
en péril, la cour, cherchant toujours à s'aveugler sur les dangers, ou plutôt voulant affecter une tranquillité qu'elle n'avait pas, continua toujours, même en 90,
à être prodigue et fastueuse. On avait, il est vrai, renoncé au brocard et
aux pierreries ; mais on faisait un usage immodéré de dentelles, de fleurs, de panaches, de rubans et de bijoux (1).

---

(1) Ce fut sous le règne de Louis XVI, que l'on vit pour la première fois des bustes
en carton coiffés avec apparat, aux étalages des coiffeurs. Le premier qui en eût fut
un nommé Laurent, demeurant à la Croix-Rouge, le deuxième, Dupin, au coin
de la rue de Grenelle St-Honoré, vis-à-vis la rue du Coq, maison occupée aujourd'hui
par un marchand de vins. Dans ce temps-là il y avait trois classes bien distinctes
parmi les coiffeurs et les perruquiers. Il y avait les coiffeurs de femmes proprement dit,
qui n'étaient asservis à aucune maîtrise, et qui avaient le droit de s'établir où bon leur
semblait : on les nommait les *chambellans* : ces coiffeurs exerçaient en toilette et l'é-
pée au côté; venaient ensuite les perruquiers qui, selon Garsault, contemporain de
Poitevin, et qui a aussi publié un ouvrage sur l'art du perruquier, les divisaient en
deux catégories, la première comprenait les perruquiers en neuf, hommes qui faisaient leur état d'une manière avantageuse, et qui avaient le droit d'avoir chambres
de bain, de beaux étalages, de faire les cheveux et la barbe, tandis que la deuxième; celle
des *perruquiers en vieux*, n'avait le droit que de faire les raccommodages, et de revendre
les vieilles perruques qu'ils rapiéçaient ; le tout dans une chétive boutique, obligatoi-
rement peinte en bleu. Ils étaient en outre obligés d'avoir derrière une vitrine, une
marotte ou *tête à perruques*, et des pièces de vieux cheveux. Ces pauvres praticiens,
qui logeaient sur le quai de l'Horloge, furent comme on le pense bien, les premiers
à profiter des bienfaits de la Révolution, et du coup de peigne que l'égalité donna à
la société, en faisant disparaître toutes les inégalités sous son niveau.
Sous Louis XV, une ordonnance de police les obligea de mettre toujours un peu
de crin aux perruques qu'ils faisaient, et provenant de défroques de personnes aisées.
Sous Louis XVI ils s'émancipaient de temps en temps, et la classe ouvrière (leur
clientelle) trouvait quelquefois chez eux des perruques tout cheveux et passablement
bien faites. A la révolution, ainsi que nous l'avons dit, ils furent les premiers à profiter de la liberté ; ils se dispersèrent dans le centre de Paris, et si bien qu'aujour-
d'hui il n'est plus trace de perruquier au quai de l'Horloge du Palais.

LA RÉPUBLIQUE ET L'EMPIRE.

La révolution de 89 plaça le peuple français au premier rang des nations, et lui promettait un avenir plein de bonheur et de gloire ; malheureusement la légèreté des Français, leur imprudence, leur trop grande confiance dans les hommes, et plus encore leur indifférence pour les affaires, minèrent rapidement la république et l'entraînèrent vers sa ruine. C'est alors que parut sur la scène un de ces hommes prodigieux, qu'enfantèrent les luttes de la république contre les vieilles monarchies ; il s'empara d'une main hardie des rênes de l'état, se fit couronner empereur, et reconstitua un empire plus vaste encore que celui de Charlemagne. Malheureusement Napoléon ne s'appuyait que sur la force du glaive, il étouffa la liberté sous le poids de ses lauriers, et régna aussi despotiquement peut-être que les rois de la race capétienne. Deux fois vaincu dans une lutte où il avait contre lui toute l'Europe coalisée, abandonné et trahi par des lieutenants qu'il avait enrichis, le grand homme alla expier vingt ans de gloire et de succès sur le roc de Sainte-Hélène.

Au milieu de toutes les tourmentes révolutionnaires, au milieu de ce chaos immense, où tout se choquait et se heurtait, les modes durent suivre la fluctuation des esprits et les diverses métamorphoses de la politique. A partir des premiers événements de 89, la cour devint plus modeste, le luxe moins effréné ; les nuages qui obscurcissaient l'horizon, l'effervescence populaire, les menaces du parti démocratique, préoccupaient trop vivement les courtisans, pour qu'ils pussent donner beaucoup de soins à leur toilette. Le règne sanglant et lugubre de la terreur, les malheurs sans nombre qui accablaient la patrie, la chute d'un trône séculaire, et la fin terrible de Louis XVI achevèrent de faire disparaître jusqu'au dernier vestige du luxe et de l'étiquette. L'égalité promenait son niveau terrible sur les modes comme sur les abus et les préjugés ; afin d'écarter toute suspicion, chacun affectait alors, nous ne dirons pas la négligence, mais la malpropreté : on ne porta plus que la houppelande et la carmagnole, ou veste ; la poudre disparut entièrement ; on cessa même de donner à la tête les soins qu'exige la propreté ; les coupes des cheveux d'homme les plus en vogue étaient celles à la Jacobite et à la Jockey, modes que les femmes adoptèrent aussi, du moins quant au coiffage du devant. A partir de ce moment cessa le règne des Vautrin, Dubarri, Dupin, Bizard, Laurent et Titau, tous coiffeurs de femmes célèbres, et des nommés Briache et Roussel, les plus habiles posticheurs du temps. Nous ne parlerons pas de Léonard, de ce père de la coiffure, qui, par dévoûment pour la royauté déchue, avait émigré : il fit bien, car son frère, coiffeur aussi, fut décapité à Versailles. Après la chute de Robespierre, qui, nous devons le dire, avait toujours conservé la poudre et une mise soignée, Tallien et ses collègues affectèrent un luxe et une élégance surprenants ; l'on vit reparaître, avec la jeunesse dorée, la poudre et toutes les manières de la vieille aristocratie : on porta les oreilles de chien, c'est-à-dire deux masses de cheveux qui pendaient de chaque côté du visage comme de véritables oreilles de chien, tandis que le reste de la chevelure était relevé par derrière en tresses et retenu par un peigne. Les Thermidoriens, c'est-à-dire ceux qui avaient renversé Robespierre, se distinguaient par une large cravate verte qui leur cachait tout le menton, mode qui peu à peu fut adoptée par tous les jeunes gens, qui prirent alors le nom d'incroyables. Avec cela, on portait une redingote qui ne descendait pas jusqu'aux genoux, avec des poches sur les hanches, et de larges revers qui laissaient voir la chemise et le gilet, une culotte courte et collante, des bas blancs ou chinés, des souliers très découverts ou escarpins, et un petit chapeau à trois cornes avec une cocarde tricolore. Les patriotes les plus exaltés portaient une longue redingote, avec une cravate moins longue, un chapeau rond et des bottes ; d'autres enfin portaient une redingote échancrée par-devant, comme on en a porté chez nous. Les hommes du peuple portaient la carmagnole, le bonnet rouge, le pantalon, de gros souliers ou des sabots (Voyez fig. 4).

Vers 1798 la poudre fut entièrement abandonnée, les oreilles de chien éprouvèrent le même sort. Il y eut alors un engoûment général pour l'antiquité, tout le monde voulut prendre pour modèle les Grecs et les Romains, et on vit apparaître les coiffures à la Titus et à la Caracalla. Un artiste ayant eu l'idée de publier par livraisons le *Musée des antiques*, les costumiers, les tapissiers, les couturières et les coiffeurs s'abonnèrent en foule à cet ouvrage, et l'on vit ces derniers sortir de l'état d'anéantissement où les avait plongés la tourmente révolutionnaire et la disparution de la coiffure frimatée, pour puiser de nouvelles inspirations dans les modes de Rome et d'Athènes ; les plus fashionnables allèrent même, dans leur enthousiasme, jusqu'à mettre sur leurs enseignes : « Ici on coupe les cheveux à la Titus. » C'est à cette époque que remonte l'origine des salons pour la coupe des cheveux ; mais il ne faut pas se tromper sur la véritable acception de ces termes, car malgré la fastueuse ostentation avec laquelle on les dessinait en gros caractères sur l'enseigne, un salon n'était qu'une très petite partie de la boutique, séparé du reste par une petite cloison : il y a loin de cette simplicité aux fastueux salons de notre époque ! (Voyez fig. 5, 6 et 9, pour les titus).

Armand, ancien coiffeur du duc d'Orléans et du général Lafayette, et qui, en suivant le cours de la révolution, eut le bonheur de se maintenir à une certaine hauteur, fut le premier à ouvrir un salon un peu élégant, où il coupait les cheveux à la Titus à raison de six livres la coupe. Ce fut aussi lui qui fut un des premiers à faire des perruques à la Titus ; Glenisson, Tellier, en deuxième ligne pour la fabrication des perruques. Michallon (l'artiste), et qui excellait principalement dans la coupe des cheveux des femmes à la Titus, quoique jeune, ouvrit, quelques années après, un salon magnifique pour la coupe des cheveux, rue Feydeau, vis-à-vis le théâtre de ce nom. Sous le Directoire, le luxe reparut, les cinq directeurs avaient été, comme on disait, surnommés les *cinq Syrènes*, et Barras avait une petite cour où l'on singeait les belles manières de l'ancien régime. Les membres du Directoire portaient les pantalons collants et à pieds, une tunique blanche fort courte, bordée de broderies d'or, et serrée autour des reins par une large ceinture bleue ; par-dessus cette tunique un riche habit bleu doublé de blanc, puis enfin un ample manteau rouge, dont les bords étaient richement brodés d'or ; un chapeau à trois cornes surmonté d'un ondoyant panache aux trois couleurs, avec un riche baudrier soutenant une courte épée à la romaine, à fourreau d'or, complétaient ce costume, qui ne manquait pas de noblesse et d'élégance. Les membres de la Chambre des anciens portaient la robe violette et le manteau blanc, ceux de la chambre des *Cinq-Cents*, la robe blanche et le manteau pourpre avec des broderies tricolores. Le premier consul portait, lors des solennités, un pantalon long et collant qui se perdait dans des bottes qui ne montaient que jusqu'au mollet, un habit rouge dont les larges revers, les parements et les basques étaient couverts de broderies d'or; des cheveux à la Titus, et un chapeau à trois cornes richement galonné, comme ceux des officiers-généraux de notre époque. Sous l'empire, les hommes portèrent le chapeau rond, la botte noire et le pantalon collant. En 1806, on avait la manie de mettre une veste ronde par-dessus la redingote ou l'habit; en hiver, on s'affublait du carrick ou du manteau. A l'époque où nous sommes arrivés, les anciennes perruques furent généralement abandonnées, même par le clergé. Cependant le métier de perruquier n'en devint pas plus mauvais pourtant, car un grand nombre de personnes, soit par l'habitude d'avoir la tête garnie de poudre et d'amidon, ou par les grands cheveux des coiffures des dernières années, furent obligées, pour des motifs hygiéniques, de recourir aux nouvelles perruques dites à la Titus, et dont Talma fit faire le premier modèle. D'un autre côté, la coupe des cheveux était très lucrative; un coiffeur d'un certain rang ne prenait pas moins de trois livres pour faire une coupe dans la boutique, et six livres quand il se déplaçait. Heureux temps que celui-là!... Aussi Armand, Tellier, Caron, Michalon et tant d'autres artistes, parvinrent-ils à amasser des fortunes considérables dans l'espace de peu de temps. La coupe s'était toujours faite à petits coups et en effilant; Michalon fut le premier à couper les cheveux avec de grands ciseaux et à friser avec de gros fers. afin de mieux imiter les frisures naturelles. Ce fut de leur temps aussi que le postiche fit de grands progrès, que l'on vit apparaître la raie de chair, ce qui fit que la perruque qui, jusqu'alors avait et devait avoir l'air d'un postiche, se confondit, pour ainsi dire, avec la chevelure naturelle.

Les femmes, sous la république, mirent tous leurs soins à imiter le mieux possible les femmes de Rome et de la Grèce. Cependant, avant d'avoir pu saisir le caractère de modes si belles et si pures, elles adoptèrent pendant quelque temps, de même que les hommes, les ridicules oreilles de chien et les cravattes; elles avaient pour coiffure le chapeau à l'incroyable ou le bonnet à la folle. Elles s'étudiaient surtout à dessiner les formes (Voy. fig. 3); elles portaient un caraco court et sans manches, et aussi des petits manteaux de satin avec ou sans manches garnis de fourrures. Les femmes et quelques jeunes gens efféminés portaient d'énormes manches en hiver; elles portaient en outre une robe décolletée à l'excès, garnie d'une longue queue, et dont l'étoffe était transparente; par-dessus cette robe elles portaient un jupon très court et des bas de couleur de chair, qui se renfermaient dans des souliers de couleur pourpre, assujettis aux pieds par des esclavages qui se croisaient plusieurs fois de manière à former des losanges, et qui venaient s'attacher à la naissance du mollet; quelques-unes mêmes, poussant plus loin encore l'imitation de l'antiquité, adoptèrent le cothurne : mais cette mode n'eut pas de succès. A cette époque elles portaient des fleurs, des diamants, mais surtout des camées, des réseaux de perles et des bandelettes de pourpre.

Sous le consulat, on portait deux sortes de tuniques, la tunique grecque et la tunique russe, que l'on portait sans doute en hiver, et qui était garnie de fourrures.

La tunique grecque n'avait pas de manches; l'autre en avait qui ne couvraient que la partie supérieure des bras. Pour remédier aux inconvénients on portait des gants très longs, qui garantissaient le bras des intempéries des saisons. Les queues de robe étaient toujours traînantes. Pour sortir on portait déjà vers 1804 des châles comme ceux de nos femmes, agencés de la même manière, et dont les pointes étaient ornées de glands. Sous l'empire, on supprima la queue des robes, à l'exception pourtant de celles des jours de grande solennité; on racourcit considérablement la taille; les manches ne furent pas allongées, seulement, on les faisait bouffantes. Mode sans élégance, qui dissimulait les formes et privait les femmes de leur grâce naturelle. Jusqu'en 1811, les chapeaux furent très petits, mais à partir de cette époque ils allèrent toujours grandissant jusqu'à la restauration. Outre les châles dont nous avons parlé, les femmes portaient encore pendant l'hiver des fourrures, des pélerines et des espèces de carriks à plusieurs collets.

Nous avons dit que les femmes avaient adopté les oreilles de chien ; lorsque les hommes se coiffèrent à la Titus, elles les imitèrent également. Cette mode en amena une autre, dont nous ignorons la source, et qui rappelle celle qui fit fureur à Rome; nous voulons parler des perruques blondes à la Titus, qui furent portées généralement par toutes les femmes riches. Mais bientôt il arriva, ce qui arrive toujours en France, que les femmes de la classe ouvrière adoptèrent les cheveux à la Titus. Mais cette coiffure qui exige tant de soins, et surtout les soins d'un coiffeur, étant fort négligée chez les ouvrières, devint affreuse, et excita la verve des critiques. Ce qui détermina les femmes riches à adopter les perruques à longs cheveux, qui prirent le nom de cache-folies, nom que les perruques des femmes ont toujours conservé. Les mêmes coiffeurs qui sous la république s'étaient fait remarquer par leur pose sévère de bandelettes de mitres et de réseaux, les Bigles, les Duplan, coiffeur de Joséphine, les Fredéric, les Solaise et les Guillaume, brillèrent sous l'empire par leurs poses élégantes de diadèmes, de couronnes de fleurs, et par l'agencement des écharpes, des châles et morceaux de velours qui servaient à la composition des turbans et demi-turbans. Malheureusement ils n'étaient pas secondés par les costumiers de l'époque, qui avaient la manie de raccourcir la taille, et de faire disparaître le cou dans une collerette montante et empesée.

PLANCHES DE LA RÉPUBLIQUE A L'EMPIRE.

<table>
<tr><td>N°s 1 et 3 par Dupin.</td><td>8 par Palet.</td></tr>
<tr><td>2 grecque par Guillaume.</td><td>9 Titus par Michalon.</td></tr>
<tr><td>5 et 6 Titulus par Armand.</td><td>10, 11 et 13 par Duplan.</td></tr>
<tr><td>7 par Hippolyte Bigle.</td><td>14 par Victor Lenègre.</td></tr>
</table>

Louis XVIII & Louis-Philippe 1er

DE LOUIS XVIII A LOUIS-PHILIPPE.

Le séjour des alliés en France exerça sur les modes une remarquable influence : les royalistes d'abord, et la masse de la nation ensuite, adoptèrent la manière de se vêtir des étrangers. On vit alors apparaître les habits bourrés sur la poitrine, afin de la rendre plus saillante ; ce fut alors aussi qu'on commença à porter le pantalon par dessus les bottes, tandis que jusqu'alors on avait mis les bottes par dessus le pantalon ; le pantalon collant et l'habit furent réservés pour les jours de grande toilette ; la redingote, au contraire, devint d'un usage commun ; il en fut de même du manteau, qui remplaça définitivement le carrick. Le chapeau rond devint seul en usage dans la vie civile, et les hommes se coiffèrent à la russe lors de l'invasion, et portaient des habits à l'anglaise et des pantalons à sous-pieds étroits ; on laissa croître le collier de barbe. A l'époque de l'assassinat du duc de Berry, on se coiffait à la Bergami (1), coiffure qui consistait en un toupet bien frisé, des touffes bien massées sur les tempes, et des masses de boucles derrière les oreilles, tombant jusque sur le collet de l'habit. Vers 1825, on faisait des redingotes à la propriétaire et des pantalons à larges sous-pieds ; les cheveux étaient coupés courts par derrière, massés sur le devant, et formant un toupet très élevé (2) : ce toupet suivit un mouvement ascendant jusqu'en 1828 et 1830, et chose qui surprendra peut-être, c'est que, plus on élevait le toupet, plus on cherchait à aplatir les cheveux sur les tempes (3), coiffure qu'on appelait à la Charles X. Vers 1828, la passion pour le romantique, et par conséquent pour le moyen âge, fit adopter, par la majeure partie de la jeunesse parisienne, la barbe pointue et les moustaches ; cette mode fut toujours croissante jusqu'en 1830, époque où elle prit un essor vraiment surprenant ; à tel point, qu'en 1833 les barbiers n'avaient presque plus rien à faire. Ce fut alors que la coupe de cheveux à la malcontent devint de mode : ce n'était pas assez que la révolution de 1830 eût ruiné les barbiers, elle devait encore ruiner les coupeurs de cheveux. Mais peu à peu, les passions politiques se calmant, les jeunes gens revinrent à leurs habitudes de toilette, on élagua la barbe, on chercha à imiter les personnages célèbres, les illustrations artistiques ; tels que Vandick, Rembrandt, etc., et l'on adopta généralement la coiffure moyen âge, qui a été si productive pour les coiffeurs, tant elle nécessitait de soins et d'entretien (Voyez vol. 2, pag. 85).

L'invasion exerça plus d'influence sur les modes des hommes que sur celles des femmes, qui furent à peu près semblables à celles des dernières années de l'empire. La forme des robes était toujours aussi disgracieuse, aussi ridicule ; mais seulement, comme la restauration avait un caractère bien marqué de dévotion, les femmes devinrent plus décentes, les corsages furent moins décolletés que

(1) Voyez fig. 3, page 26 du premier volume.
(2) Voyez fig. 7, page 157 du quatrième volume.
(3) Voyez fig. d'hommes, planches de Louis XVIII à Louis-Philippe.

sous l'empire, et les manches courtes furent généralement abandonnées pour les manches longues et étroites. La taille, déjà si ridiculement courte pendant les dernières années du règne de Napoléon, fut encore diminuée ; la ceinture se plaça exactement sous les seins. Cette mode disgracieuse ne fut pas de longue durée, le désir de plaire la fit abandonner : à partir de 1819, on vit les corsages s'allonger graduellement, et arriver enfin jusqu'aux hanches, leurs limites naturelles. Cette année 1819 vit aussi reparaître les robes un peu décolletées, et les manches courtes ; les chapeaux, qui sous la république et sous l'empire étaient si petits, acquirent de l'ampleur et du développement à la restauration ; non-seulement les passes devinrent beaucoup plus grandes, mais encore les ornements étaient plus volumineux ; la plume d'autruche devint l'ornement de grand apparat. De 1820 à 1823, il y eut une mode de chapeaux assez gracieuse, c'était le *bolivar*, mode adoptée aussi par les hommes. L'ornement principal pour le bolivar des femmes était un bouquet de marabout placé sur le devant de la calotte. En 1825, les chapeaux étaient énormément larges, et les passes décrivaient une ligne horizontale sur le devant. En 1828, les chapeaux étaient larges et se portaient un peu de côté. En 1830, la passe était haute sur le devant, courte des joues, et appliquée contre. 1835, règne du bibi, ou petit chapeau. 1838, chapeau plat à l'anglaise. De 1825 à 1828, les manches à gigot ne formant plus le ballon à l'épaule et laissant cette partie du corps en quelque sorte à nu, le boa est généralement adopté par les femmes, ainsi que les grandes chaînes d'or en sautoir, puis ce qu'on appella les manches à l'imbécille. Alors les ceintures étaient à la hanche, où venait se perdre un léger canezou : mais en 1832, les manches étaient collantes jusqu'au coude, et garnies de gigots dans la partie supérieure. On a adopté aussi à cette époque la pèlerine ; les jupes étaient fort amples, mais en revanche elles ne descendaient pas plus bas que la cheville du pied.

En 1835, la jupe fut demi-longue, et on portait des manches à crevés tout le long du bras (1). La jupe fut tout à fait longue en 1836 (2), et les manches furent plates et à sabots, puis entièrement plates et sans aucune garniture en 1838 ; on alla plus loin en 1840, car non-seulement les manches furent plates, mais on porta des corsages unis avec des rangées de boutons (3) ; quant à la jupe, à partir de 1836, elle a toujours été très longue (Voyez vol. 3, page. 70).

Les bonnets de femmes furent très volumineux sous la convention ; sous le consulat on les remplaça par des cornetes ou capottes très petites ; les femmes portèrent aussi à cette époque beaucoup de toques et de turbans. Sous l'empire les bonnets furent petits et coquets, puis il devinrent amples, mais aussi d'un effet plus lourd ; ils prirent ainsi que les turbans une plus grande ampleur encore en 1822, mais ils furent aussi plus gracieux ; en 1825, ils étaient, pour ainsi dire, aussi volumineux que les chapeaux ; en 1830, ils étaient toujours très volumineux et en même temps très élevés sur le devant ; en 1835, le volume du bonnet fut considérablement réduit (bonnet à la paysanne) ; en 1840, le bonnet ne garnit plus que les côtés de la tête, et laisse à découvert tout le devant et le sommet jusqu'à la ligne des oreilles.

Nous terminerons l'histoire par un coup-d'œil sur les coiffures des femmes qui se sont succédées depuis la terreur, ainsi que sur les coiffeurs qui ont donné le ton et dirigé la mode depuis ce temps.

---

(1) Voyez page 17 du premier volume.
(2) Voyez pages 92 et 102 du troisième volume.
(3) Voyez page 150 du quatrième volume.

Aux coiffures le parterre galant, le pouf, la Gabrielle de Virgy, le lever du matin, la monte-au-ciel, toutes modes qui prirent naissance à la cour de Louis XVI, sous le peigne des Léonard, du Barry, Legros et Bizarre, succédaient les coiffures à l'espoir, à la nation et aux plaisirs de la liberté, inventées par Dupin, professeur de coiffure et éditeur d'un journal de coiffeurs. Les productions de cet artiste ainsi que celles de Laurent, appelaient encore un peu de poudre, car quoique les cheveux ne fussent plus relevés en chignon et qu'on les laissât flotter naturellement par derrière, il n'en fallait pas moins un œil de poudre sur les grosses boucles qui encadraient le visage et qu'on avait encore l'habitude de boursoufler en les crêpant.

Le passage des coiffures vaporeuses du règne de Louis XVI aux modes sévères du Directoire, fut donc adouci par les coiffures mi-bouclées, mi-crêpées de la Convention. Ici commence le règne de Duplan, de Victor Lenègre, de Solaire, de Maury, d'Armand, de Frédéric, de Guillaume, de Charbonnier, et d'Hyppolite Bigle. Parmi ces noms illustres dans la coiffure, ceux qui parurent les premiers à l'horizon furent : Hippolyte Bigle, Duplan, Armand et Victor Lenègre. Ce furent eux qui firent les premières coiffures grecques et romaines et les turbans plissés qu'on portait en l'an 6, 7, et 8, de la République. MM. Guillaume, Frédéric, Charbonnier, Solaire et Maury, entrant dans la lice, vinrent, donnant un nouveau développement à l'art de la coiffure, disputer la suprématie aux premières illustrations. D'abord Charbonnier le disputait à Duplan et à Victor Lenègre pour le turban. M. Guillaume dont le goût s'était épuré à l'étude de l'antique, créa des poses de tresses, de bandelettes et de réseaux, qui valaient au moins celles que M. Hippolyte Bigle (bon dessinateur) exécutait sur mesdames Récamier, d'Orsay, Talleyrand et Visconti. Les boudoirs des élégantes de ce temps étaient absolument des champs de bataille. Chaque jour c'était de nouveaux prodiges. Duplan et Frédéric, qui devinrent coiffeurs de Joséphine, imaginaient-ils de nouveaux enlacements de tresses, une nouvelle pose de bijou, vite Charbonnier faisait paraître un turban à mille plis, et Victor Lenègre exécutait des chiffons admirables sans le secours d'aucune épingle. La coiffure prit alors un développement si considérable que l'on voyait des établissements magnifiques s'ouvrir de toutes parts.

Michalon, Caron, Tellier et plusieurs autres faisaient concurrence à Armand pour la perruque et la coupe de cheveux à la Titus. Duplessis créait une classe de coiffure où il enseignait le chiffon et à relever les cheveux en casque de Minerve, ainsi qu'à faire la tresse circassienne. Botson ouvrait aussi une école où tous les coiffeurs allaient apprendre les coques lisses. Palette qui, comme Duplessis, n'avait jamais réussi auprès des femmes du monde, mais qui avait le talent de la démonstration, fut le premier à ouvrir une école et à publier un journal de coiffure à l'instar de celui de Dupin.

Armand invente le tulle cheveleux, Michalon l'implanté fait au métier, à la tresse, sans tête, et Tellier et Caron ont un procès scandaleux relativement à une découverte qu'ils n'ont pas faite, ainsi que l'a dit Souchard, page 18, du premier volume.

La cour de Napoléon étant devenue une des plus brillantes de l'Europe, l'état de coiffeur était très productif. Frédéric après avoir coiffé Joséphine, se maintint à la cour sous Marie-Louise, dont il partagea la clientelle avec Charbonnier, son second. Pendant que Frédéric et Charbonnier goûtaient paisiblement les douceurs de leurs emplois, plusieurs coiffeurs de la ville s'occupaient à corriger les défauts d'ensemble qu'il y avait alors dans le costume ; M. Guillaume, homme de goût, s'étant aperçu que les tailles étaient trop courtes pour bien aller avec la coiffure basse, créé les coiffures à la chinoise, qui sont adoptées par Albin,

Hyppolite Monchaud, Plaisir, et tous les coiffeurs de quelque talent. A ce moment, les modistes tentèrent de donner aux calottes des chapeaux la forme de casques. Ce fut aussi à peu près dans ce temps que Charrier, prédécesseur de Mailly, fit l'invention des crochets à toupets, invention qui fut brevetée. Le grand coupeur de cheveux d'alors était Aubril; après lui sont venus Rousset et Bouchereau, et peu de temps après le trop célèbre Girard, celui qui le premier afficha la coupe de cheveux à 1 franc. La chinoise offrant beaucoup de peine aux coiffeurs pour nouer les cheveux, le casque à la Duplessis retenu par un peigne fut adopté par tout le monde au point qu'à la rentrée des alliés (1815) on n'employait plus de cordons pour relever les cheveux. A la rentrée des Bourbons tout change : la coiffure à la chinoise fait place au nœud d'Apollon, inventé par Plaisir, et à la place du petit velours ou du ruban qu'on met autour de la tête, ce sont des couronnes de roses, dont les femmes se ceignent le front. Frédéric, l'immuable Frédéric reste attaché à la cour pour coiffer la duchesse d'Angoulême. Le duc de Berry se mariant, il faut un habile coiffeur pour parer la jeune princesse et l'on appelle Hyppolite Monchaud, ce dernier, quoique accoutumé à coiffer les femmes galantes du 113 (Palais-Royal), n'en fait pas moins les délices des jeunes femmes de la cour, tant il avait de grâce et de facilité. Tous les grands personnages français et étrangers habitant la capitale voulaient être coiffés par Hyppolite. Sa fortune semblait être assurée, mais il était dit-on, trop libéral, aussi il dut céder la place à Charbonnier, l'ancien coiffeur de Joséphine.

Léonard revient de l'émigration, va voir quelques, amis et notamment MM. Guillaume et Solaire, et un banquet lui est offert à la Grande Chaumière par tous les artistes qui avaient conservé son souvenir. Trop âgé pour reprendre le peigne; il sollicite un emploi et M. le comte d'Artois qui tient à récompenser dignement les personnes dévouées à sa famille, lui fait avoir la place de commissaire général aux pompes funèbres, place honorable et productive qu'il remplit parfaitement jusqu'à sa mort (1823).

Plaisir, élève de Michalon, développant son nœud d'Apollon, le formait de mille manières, M. Guillaume voyant les tailles s'alonger, donne plus d'ampleur aux coiffures et surtout à ses chiffons qu'il bouillonne, et de concert avec Albin, Hyppolite et Plaisir, ses collaborateurs au journal de la Metsangère, double l'ampleur de la coiffure et fait adopter pour les toilettes de cour les belles poses de plumes et de diamants qui ont été de rigueur jusqu'à la chûte de la branche aînée des Bourbons. En 1823, le Petit Courrier, journal des dames, publie une coiffure nouvelle; c'était un turban bouillonné, composé par Ferdinand Croisat, jeune artiste de vingt ans, qui, non content d'une renommée de bon ouvrier (1) dont il jouissait seul dans Paris avec Martel, premier garçon de Dragon, voulut tenter la fortune par un turban coupé et devant lequel on remarquait des jetées de cheveux, c'est-à-dire des boucles brisées. Le même journal publie dans le courant d'une année plusieurs compositions du même auteur et notamment au moment de la peste de Barcelonne, celle à la Dona Inez. A la mort de Louis XVIII, il créa une toque béarnaise que lui acheta madame la duchesse de Berry. Cette mode qui rend avec fidélité la coiffure des hommes du pays d'Henri IV, exerce quelqu'influence sur le chiffon d'alors : Les coques en

---

(1) M. Croisat, avant de s'établir, était chez Caron, coiffeur de quelque renommée, rue St. André-des-Arcs.

l'air (1) qu'il crée à ce même moment achève de fixer la renommée dont il n'a cessé de jouir depuis ce temps.—Importation de l'Allemagne des tours en soie et par suite création des tours indéfrisables en cheveux dits Tours éternels.

Narcisse, dont les étalages attiraient les regards des connaisseurs, rue des Fossés-Monmartre et après lui, Nardin, l'auteur de la coiffure à la neige fait son entrée au journal. Ces trois coiffeurs avaient chacun un genre particulier, et Mlle Ribeau, dessinateur du Petit Courrier, les a plusieurs fois dépeints ainsi qu'il suit : chez Croisat, c'est du léger et du coquet. Chez Narcisse, du grandiose. Chez Nardin du compliqué. L'esprit d'innovation des trois jeunes artistes, qui les premiers eurent l'idée de faire dessiner leurs coiffures vues de face et par derrière excita la mauvaise humeur du propriétaire de l'autre journal.

Ce dernier, pour ne pas rester en arrière, adopta l'usage de faire dessiner les coiffures vues de deux côtés.— Duplessis est admis en 1824 à faire paraître dans ce journal plusieurs coiffures. — La coque en l'air est adoptée l'année suivante par Plaisir qui appelle cela des lisses sautés. — Narcisse lance le bandeau bombé dans le Petit Courier des dames, et Croisat, élevant de plus en plus ses coques, est entraîné à hucher ses fleurs en l'air, chose qui ne s'était pas vue jusqu'alors, car toujours les fleurs avaient touché la tête. Nardin, élève de Plaisir et qui jusque-là avait coiffé dans le genre de son maître, adopte les coques élevées qu'il surmonte de brins d'avoine huchés adroitement et crée des poses de chaperon admirables, qui sont adoptées à la ville et à la cour.

La coque en l'air fait le tour du monde, et Croisat qui se voyait assiégé par les leçons, emporté par l'esprit d'innovation élève ses coques encore plus haut de deux pouces au moyen de carcasses de fil de fer qui soutiennent les masses de cheveux. Ce fut aussi à ce moment qu'il inventa le peigne à sabot, dit peigne Croisat, ainsi que les chutes de boucles montées sur des épingles doubles. Ces nouveaux cache-peignes plaisant on les adapte à toutes les coiffures, voir même les ronds de natte qu'on faisait sur le devant de la tête. Après cette invention, il en fait une autre, c'est la natte à jour qu'il pose, soit par-dessus les coques, soit au pied des choux. Au moment où la natte à jour s'élançait par-dessus la coque enlevée, un coiffeur nommé Grand-Jean, publie un journal à l'instar de celui de Palette et ouvre une école de coiffure. En même temps Mariton, descendu de sa chambre pour ouvrir un établissement rue St-Honoré, fait courir des prospectus pour faire savoir qu'il donne des leçons de coiffure. Grand-Jean, après de vains efforts ferme sa classe de coiffure pour passer à l'étranger, tandis que Mariton qui a eu le bon esprit de modifier le procédé des giraffes (2) en les formant avec des épingles doubles qu'il pose avec habileté, se fait une réputation telle parmi ses confrères, que ceux-ci, dans l'engouement qu'ils ont pour lui, s'en vont prôner son invention chez les dames : dès lors toutes veulent être coiffées par lui. Les grands coiffeurs du journal de Lametsengères ayant pour la plupart quitté les affaires (3). Cette feuille est continuée par Mulot, Sergent et Jouan, mais soit vice d'administration ou tout autre motif, cette feuille cesse de paraître et le Petit Courier des Dames reste seul avec le Follet qui a réussi dans

---

(1) On appelle Coques en l'air, les masses de cheveux élevées en double et maintenues au moyen d'une mèche qui les serrent au pied.

(2) On appelait Giraffes, les coques en l'air de Croisat, et épingles à la giraffe, les carcasses de fil de fer qu'on employait pour cette mode.

(3) M. Guillaume cède son établissement au sieur Mulot pour ne se livrer qu'à l'enseignement de la coiffure des dames et la publication de planches de coiffures qui forment le plus joli et le plus utile recueil pour un coiffeur de bonne société.

la classe moyenne et qui publie les coiffures de Mariton. — Edouard, coiffeur, place des Victoires, se fait une réputation d'habileté parmi la bonne bourgeoisie. — Ouverture de cours de coiffures où Croisat enseigne l'art de coiffer et le dessin au trait. Pour clôture, distribution de prix, Sérane, de Montpellier, emporte le premier, et Julien Leslocart, de Lille, le second.

La révolution de 1830 éclate, l'inamovible Frédéric coiffe la nouvelle reine. Alors le luxe diminue, et tel coiffeur qui menait grand train est obligé de vivre fort simplement. — Apparition du bandeau lisse, dit à la Féronnière. En 1832, invention de la gelée brillantine. En 1834, création de l'académie de coiffure, les fondateurs sont : Croisat, Guillaume, Hyppolite Bigle, Ferdinand Hamelin et Maury. Même année, résurrection du chignon et des tresses flottantes par Croisat. — Mode à la Sévigné, tentative de poudre par Croisat et Narcisse. En 1835, succès croissants de Mariton, qui emprunte aux Allemands l'usage des rouleaux ouatés. Ce coiffeur quitte le Follet pour créer le journal des Modes le Bon Ton, de société avec Nardin et Édouard, son beau-père. Croisat sort du Petit Courrier des Dames pour entrer au Follet avec *Hamelin, Lecomte , Amable Normandin.*—Même année, M. Édouard, après avoir fait paraître deux coiffures quitte le *Bon Ton*; Croisat prend sa place comme associé. Mailly entre aussi dans la société du Bon Ton, où il se distingue par plusieurs belles coiffures. En ce moment la coiffure baisse un peu, elle se fait aussi moins sur le devant de la tête. On adopte le genre chignon ainsi que la torsade et la tresse à coulisse.

Les touffes à l'anglaise prennent ainsi que les tresses dites à la Berthe. En 1836, Croisat cède sa part du Bon Ton à Mariton, et commence la publication de l'ouvrage : Les Cent-Un Coiffeurs ; — Ferdinand Hamelin se fait remarquer comme professeur de coiffure, et l'année suivante, à la Redoute, il exécute une coiffure délicieuse ayant les yeux bandés. En 1837, invention des peignes Pujet, et succès de la corde à puits de *Sergent*. En 1838, invention des peignes diaphanes par Croisat.—La coiffure baisse considérablement.—Succès de Félix, rue du Temple, qui se fait remarquer par plusieurs coiffures originales et d'une bonne exécution.—Invention par ce dernier du rouleau perlé et des coques sans crépures dites : *Rubans de cheveux*. Tentative en hiver de la coiffure poudrée pour les hommes.—Invention de la brosserie mécanique par Croisat.—Arrivée à Paris, de Giovani, pour coiffer la Comédie Française. — Grande sensation produite par ses perruques dont la confection surpasse celle des grands maîtres de l'ancien temps. En 1839, on coiffe dans la nuque, et on mouille les coques avec de la bandeauline. Grand commerce de cet article que Lecomte, rue Taitbout, fabrique le mieux de tout Paris. Vogue de la dentelle pour coiffures. Les marabouts reparaissent çà et là. En 1840, on coiffe à la Louis XIV, bas et large par derrière et en touffes frisées sur les côtés. Les couronnes se posent à califourchon sur la tête. En 1841, les bandeaux reprennent faveur, mais cette fois ils sont bombés par un peu de crépure ou par l'apprêt que leur donne la bandeauline. Les couronnes se posent autour de la tête. — Grand goût pour les gouttes d'eau sur les roses et pour les bonnets et coiffures de modistes. Les jeunes personnes se coiffent beaucoup en cordelières, à glands flottants, et elles se font les bandeaux comme la *Féronnière*, c'est-à-dire passant par-dessus les oreilles. — Tendance à remonter la coiffure des jeunes femmes, et grande vogue du chapeau à petits bords *la belle poule* que Mariton nouvellement dans les modes, façonne, dit-on, fort élégamment.

Planch. de Louis XVIII à Louis-Philippe.—1820. N. 1 et 3, par Hyppolite Monchaud. 1821. N. 2, par Duplessis. 1823. N. 4, par Guillaume. 1824. N. 5, par Croisat. 1827. N. 6 par Nardin. 1828. N. 7, par Plaisir, 1829. N. 8, par Bouchereau. 1830. N. 9, par Croisat. 1833. N. 10. par Croisat.

DE LA COIFFURE PAR RAPPORT A L'AGE.

Les modifications qu'il faut apporter dans les coiffures, par rapport à l'âge, sont très difficiles, et conséquemment il est indispensable de les étudier. Peu de coiffeurs se sont appliqués à ce genre d'étude ; aussi voit-on, tous les jours, des enfans coiffés comme des femmes, et des vieilles parées comme de jeunes personnes. Le printemps est ainsi confondu avec l'automne, et l'été avec l'hiver. Les coquettes, plus occupées de leurs conquêtes que du nombre de leurs années qui s'écoulent dans les bals et les plaisirs, veulent toujours conserver la même mise, et ce n'est que lorsque le temps a gravé son empreinte sur leur visage, qu'elles conviennent qu'il faut apporter des changements dans leur toilette. Un coiffeur ne doit pas dire à une femme, qui croit pouvoir cacher son âge en se faisant faire une coiffure de jeune personne : *Madame, vous vous trompez ; il faut que cela soit autrement.* Cela est impossible, à moins de vouloir se faire interdire à jamais l'entrée de sa maison. Un artiste habile ne contrarie jamais une femme sur des choses semblables : il la laisse dire, il l'écoute même, mais il coiffe par principe ; et, quoiqu'il fasse souvent ce qu'on lui demande, il n'en fait pas moins une coiffure appropriée à l'âge, car il lui est aussi aisé de donner quarante ans à celle qu'on lui demande, qu'à toute autre qu'on ne veut pas, attendu que l'expression ne dépend jamais de ce qu'une coiffure se compose de telle ou telle chose, mais bien de la forme et du cachet qu'on lui imprime. Lorsqu'on est appelé par plusieurs personnes de la même famille, dont toutes ont la même physionomie, et qu'elles veulent être coiffées de la même manière, ce n'est qu'en variant le caractère et la forme des masses qu'on parvient à donner à la coiffure de la jeune fille quelque chose de simple et de léger , à celle de la jeune femme une forme plus décidée, et à celle de la mère une ampleur qui corresponde à l'aplomb que donnent les années. Les jeunes personnes sont très difficiles à coiffer, surtout lorsqu'elles sont en grand nombre, parce qu'il faut varier selon les physionomies, et conserver toujours le caractère de la jeunesse. Aussi, les coiffeurs qui n'ont pas étudié la partie scientifique de leur art sont-ils bien embarrassés quand ils sont appelés dans des pensions de demoiselles, pour le jour de la distribution des prix.

Il est sans doute pénible d'être obligé de coiffer un grand nombre de jeunes têtes, dont aucune ne pourrait supporter des choses à effet, et qu'il faut cependant parer avec symétrie ; car la plupart attendent ce jour-là avec impatience pour déployer leurs grâces et leur parure ; un artiste ne peut donc se tirer de là qu'en faisant un miracle. Je dis miracle, car il faut qu'il réunisse les contrastes les plus extraordinaires pour être toujours uniforme dans le caractère de simplicité qui convient aux jeunes demoiselles, et toujours varié dans ses compositions, pour que toutes soient coiffées en harmonie avec leur figure, leur corpulence, la longueur de leurs cous, leur âge, car, comme on doit le penser, les grandes demoiselles ne veulent pas avoir l'air d'être de petites filles. Lorsqu'il s'agit d'embellir une de ces dames dont les traits affaiblis par l'âge n'offrent rien qui rappelle les beaux jours de sa vie, que peut-on consulter dans ce miroir qui ne réfléchit aucun objet capable d'éveiller l'imagination d'un artiste et de le guider dans son travail ? Cette femme, dont le front si pur, les yeux si brillants, la bouche charmante, séduisaient jadis les cœurs, n'offre plus aujourd'hui que l'image de la décrépitude, semblable à la fleur qui, au printemps, exhale les plus doux parfums, et l'hiver, penche sa tête flétrie et desséchée. Le triste tableau d'une vieille femme fait croire généralement qu'il est impossible de la rajeunir ; qu'on se désabuse, car le coiffeur peut donner de la grâce à une jeune personne, et cacher l'âge d'une tête surannée. C'est ce que j'espère expliquer avec la même clarté que j'ai mise dans les autres leçons. Quand on ne trouve ni attraits, ni fraîcheur, ni jeunesse dans une femme, il faut, à son insu, examiner attentivement son maintien, ensuite s'assurer si elle est aimable et si elle a l'air spirituel. Si elle a de l'amabilité, c'est une grande ressource pour le coiffeur : car on est presque toujours bien inspiré par une personne qui n'a que des choses agréables à dire. Si elle n'a qu'un beau maintien, les ressources sont moins grandes, mais enfin on peut encore espérer de tirer un bon parti de sa tournure. On commence d'abord sa coiffure par de fortes masses qui, s'élevant très haut sur le devant de la tête, donnent l'air grave et majestueux. Ensuite, consultant la largeur des épaules ainsi que le costume, on y proportionne l'ampleur de la coiffure, et en terminant on cherche à lui donner un aspect hautain et de bonne société, afin d'accompagner sa démarche noble et imposante : une toilette riche, dont on sait tirer parti, tient souvent lieu de beauté. Beaucoup de femmes, par cet artifice, produisent de l'effet dans le monde. Pour une dame qui n'aurait pas une taille avantageuse, mais dont l'esprit et les manières sont agréables, le moyen de la rajeunir est tout différent : les yeux dans le miroir, vous tâchez de démêler à travers les rides de l'âge, quels sont les organes de sa figure qui sont propres à vous seconder. Ensuite il faut s'assurer si elle met du rouge ; car, puisqu'on coiffe pour les traits, on doit chercher s'ils ont besoin de coloris, et savoir à quoi s'en tenir pour disposer les couleurs : ayant ainsi étudié le terrain, on peut commencer à bâtir l'édifice. Les vieilles femmes ont l'habitude, comme on sait, de découvrir le moins possible leur visage décharné, aussi c'est toujours en avant de la bosse frontale qu'il faut porter la coiffure ; dans une exécution semblable, on doit y porter beaucoup de ménagement à cause du manque de vigueur dans la physionomie, attendu que tout ce qui charge le devant de la tête tend à donner de la dureté. Je recommande surtout de ne point faire de bandeaux lisses sans touffes comme en font certaines vieilles folles, ni de tresses sur les tempes parce que cela serait trop dur et même de ne point ombrager les yeux par des boucles épaisses, et surtout de s'assurer si le cou et les joues n'ont pas besoin qu'on lance des frisures pour cacher les rides ; en ce cas, il faut que les anneaux se déroulent sans raideur, et les masquent comme par hasard. Dans toutes ces combinaisons, on conservera l'harmonie, c'est-à-dire que si la femme est aimable, la coiffure doit être gracieuse, sans cesser pourtant d'être convenable à son âge.

EXPLICATION LINÉAIRE
ou
DÉFINITION DES DIVERS CARACTÈRES DE COIFFURE.

Onzième leçon de l'art de coiffer ([1]).

Nous avons eu déjà occasion de parler des trois caractères différents qu'on trouve dans la coiffure ; mais nous nous sommes réservé d'en faire la définition dans une leçon entièrement consacrée à cet objet, parce qu'elle exige une étude toute particulière. Dans la musique, on définit le mode par la tierce ; si elle est de deux tons on est en majeur ; et si elle n'est que d'un ton et demi on est en mineur ; et au moyen de ce principe, on peut voir au premier coup d'œil en quel mode est écrit un morceau. Pour définir les caractères dans la coiffure, il nous a fallu employer un moyen tout différent ; les lignes qu'elles décrivent pouvaient seules nous fournir des règles ; quelques connaissances en géométrie nous sont devenues nécessaires. La géométrie est une science qui a pour objet la mesure et l'étendue ; l'étendue à trois dimensions, la longueur, la largeur et la hauteur. On appelle surface une étendue ayant longueur et largeur sans hauteur.

Dans la nature, tous les objets décrivent des lignes rondes ou droites ; ces lignes changent de nom selon la direction qu'elles prennent. Nous avons des lignes droites, brisées, courbes, perpendiculaires, obliques, horizontales, sinueuses, mixtes, angles droits, aigus ou obtus, etc. On peut définir la ligne, une continuation de points qui forment l'étendue en longueur.

Il y a deux sortes de lignes, la ligne droite et la ligne courbe.

La ligne droite est définie par les géomètres, le plus court chemin d'un point à un autre.

Nous la définissons une ligne dont tous les points sont dans la même direction. Une ligne composée de plusieurs lignes droites est dite brisée.

Une ligne qui n'est ni droite ni composée de lignes droites est dite ligne courbe. Les points dont elle se compose changent continuellement la direction entre eux. Nous ne saurions trop recommander aux élèves de bien étudier tous ces principes de géométrie, attendu qu'on ne peut bien définir aucun caractère sans en avoir une connaissance parfaite.

AB (figure 1re) est une ligne droite, EFGHIL est une ligne brisée, CD une ligne courbe.

OO est une ligne sinueuse composée de lignes courbes qui se suivent sans interruption. OO est une ligne mixte composée de lignes droites et courbes.

Lorsque deux lignes droites se rencontrent, elles forment ce qu'on appelle un angle.

On a défini l'angle la quantité plus ou moins grande dont s'écartent l'une de l'autre les deux lignes qui se rencontrent. On distingue dans un angle les côtés et le sommet.

Le point B (fig. 4), point de rencontre des deux lignes CB, AB, est le sommet de l'angle qu'elles forment ; BC, AB, sont les côtés de l'angle.

---

(1) Il nous resterait une douzième leçon à faire sur l'art d'approprier les couleurs selon le teint et la couleur des cheveux ; mais ayant traité ce sujet page 25 du premier volume, nous nous contenterons de renvoyer le lecteur audit article, lequel a pour titre : Ce qui sied à la *brune* et ce qui embellit la *blonde*.

On désigne un angle par trois lettres, par exemple, angle ABC, en plaçant au milieu de ces trois lettres celles du sommet. Quelquefois on nomme seulement la lettre du sommet.

Si une ligne CD (fig. 3) en rencontre une autre AB, de manière à ce que les deux angles ADC, BDC, soient parfaitement égaux, ces deux angles seront appelés angles droits, et la ligne CD sera appelée perpendiculaire, par rapport à la ligne AB. On voit que la ligne CD, par rapport à AB, ne penche pas plus d'un côté que de l'autre ; la ligne ED, au contraire, penche en s'inclinant vers le point B ; l'angle BDE est plus petit que BDC, angle droit.BDE est appelé angle aigu ; l'angle ADE, plus grand que ADC, angle droit, estappellé angle obtus ; la ligne ED qui a formé sur AB ses deux angles aigus et obtus, est appelée oblique par rapport à AB.

DU CERCLE.

On appelle cercle l'espace terminé par une ligne courbe, ABEHFD (figure 7), tracée sur un plan de manière à ce que tous les points de cette courbe soient également distants d'un point C placé dans l'intérieur du cercle, et qui en est appelé le centre. Cette courbe est la circonférence du cercle ; souvent on l'appelle improprement cercle pour abréger.

On appelle rayon toute ligne droite CA menée du centre C à la circonférence. Toute ligne droite, comme BD, passant par le centre et terminée de part et d'autre à la circonférence, se nomme diamètre ; le diamètre est le double du rayon.

On appelle arc une portion de la circonférence, telle que EHF.

TRACER UN OVALE AVEC LE COMPAS.

Sur la ligne AB (figure 8), et d'un point C pris à volonté comme centre, on décrit avec un rayon, également pris à volonté, un cercle qui coupe AB en un point D ; de ce point D, comme centre et avec un rayon égal à CD, on décrit un second cercle qui coupe le premier en deux points, HE. Du point E et par les deux centres C et D, on mène les deux diamètres EF, EL. Du point E comme centre et avec le rayon EF, on décrit l'arcle de cercle FL. On mène ensuite comme centre du point H, et par les deux centres C et D, les diamètres HG, HI ; et du point H, avec le rayon HI, on décrit l'arc IG qui termine l'ovale FIGL.

Lorsque les lecteurs auront acquis les connaissances nécessaires pour bien distinguer les figures géométriqnes les unes des autres, ils feront aisément la différence des genres de coiffure, et ils sauront de suite à quoi en attribuer les caractères. Ces principes les mettront à même de connaître ce qui peut avoir une influence agréable sur le visage, et, pour peu qu'ils se soient appliqués à l'étude de la conformation de la tête (1er vol., page 4), qu'ils se rappellent la leçon des diverses conformation de tête qu'on trouve (2e vol., page 59 et 68); la leçon sur l'air du visage (3e vol., pages 54, 67, et 4e vol. page 110) ainsi que la leçon sur l'échelle des proportions (même vol., pag. 178) ; ils pourront avec un peu d'attention faire ressortir la beauté des traits et corriger au besoin les défauts de construction. Afin qu'ils aient une idée bien juste des règles que nous établissons dans cette leçon, nous allons définir quelques-unes des coiffures de chaque volume de l'ouvrage.

Lorsque les élèves auront acquis les connaissances nécessaires pour bien distinguer les figures géométriques les unes des autres, ils feront aisément la différence des genres de coiffures ; et ils sauront de suite à quoi en attribuer les caractères. Ces principes les mettront à même de connaître ce qui peut avoir une influence agréable; ils pourront avec un peu d'attention, arranger les cheveux de manière à faire ressortir la beauté des traits. Pour qu'ils aient une idée juste des règles que j'établis dans cette leçon, je vais donner la définition des caractères de plusieurs coiffures.

La coiffure n° 2 de la première livraison ainsi que celle n° 8, conviennent à des visages ronds, la première, parce qu'elle décrit une ligne perpendiculaire sur le milieu de la tête, la seconde, parce qu'elle offre sur le devant un demi cercle semblable à la figure 2 de la planche aux lignes. Le turban n° 6, page 4 du premier volume, offrant sur le devant une ligne horizontale, il ne saurait convenir à une figure d'un ovale alongé. La coupe de cheveux n° 2, page 29 du même volume, convient à un homme à tête longue, attendu que les touffes décrivent une ligne parallèle, tandis que celle n° 3, même planche, dont la touffe décrit une courbe sur le milieu du front, s'adresse à un visage plein.

Girodet disait un jour à ses élèves: lorsque vous voudrez faire du gracieux, ne faites pas des lignes brisées. La pose des marabouts de la figure 3 de la 31me livraison, offre l'aspect d'une ligne brisée, c'est pourquoi cette coiffure appartient au genre gracieux. Les 2 turbans (33e livraison), quoique tous deux du genre sévère, s'adressent néanmoins à des figures de coupe différente. Celui n° 1 se présentant horizontalement sur le devant de la tête, ne convient qu'à un visage allongé, tandis que celui n° 2, vu sa forme cintrée, ne serait favorable qu'à un visage rond.

La pose du diadème de la figure 4, première livraison, diminue la longueur du visage parce que la courbe penche en avant, tandis que le même ornement sert à allonger la tête en le baissant par derrière (voyez figure 3, 33e livraison).

Les bandeaux de la coiffure en chiffon n° 1 de la 37e livraison, ayant le cintre de la ligne n° 1 développent le front et allongent le visage. Ceux au contraire de la figure 3, même planche, rétrécissent le front parce qu'ils sont formés dans le sens opposé.

Le turban n° 2, page 29, s'élevant droit sur le derrière de la tête, imprime à la figure un air majestueux et sévère, celui n° 1, même page, offrant une ligne ronde sans mouvement penché, fait que cette coiffure n'exerce aucune influence sur la figure (genre mixte). Celui au contraire que l'on voit 31e livraison, n° 1, se présentant obliquement comme une ellipse, il donne à la physionomie et à tout le personnage un air coquet et décidé.

Chaque fois que le coiffage du devant décrit des angles droits comme dans la figure n. 1 de la 45e livraison, le n. 1 de la 48e, et le n° 3 de la 30e, la figure aura un aspect de dureté. Mais si les cheveux, quel que soit du reste le coiffage par devant, forment une ligne sinueuse (voyez le trait n° 9), à l'entour du visage dans le genre du n. 1 de la 38e, du 3 de la 31e, du 2 de la 32e, et du 6 de la 30e, ainsi que du n. 1, planches de femmes en pied de la même, alors la physionomie acquerra de la douceur et de la grâce. Il en est de même des robes parées, c'est-à-dire que si les garnitures de corsage et les poses d'ornements sur les jupes décrivent des lignes droites, les toilettes auront un air de sévérité, et si au contraire il règne comme un certain désordre dans l'arrangement des atours; elles seront d'un effet plus galant et plus gracieux.

LE COIFFEUR ET LE PERRUQUIER

DE

L'ANCIEN RÉGIME.

DES CHEVEUX ET CRINS QUI SERVENT POUR LES PERRUQUES.

DEUXIEME ET DERNIÈRE PARTIE.

Les cheveux ayant généralement de la tendance à s'affaisser, un léger mélange de crin fin (crinière de génisse) est indispensable ; nous dirons plus, la boucle de dessous des perruques carrées ainsi que celle de la brigadière doit être en crin. C'est donc à tort que le règlement du corps des perruquiers a rendu saisissable toute perruque qui contiendrait autre chose que des cheveux, dit *Garsaud.* Cependant les meilleurs artistes faisaient des mélanges. Ainsi, dans les beaux jours de la perruque (de 1650 à 1789), on employait communément le poil de chèvre, de mouton de Barbarie, et quelquefois du fil de fer. Dans ce temps où l'on était curieux des choses extraordinaires, dit encore Garsaud, page 7 de *l'Art du Perruquier,* il se faisait jusqu'à des perruques en verre filé.

PRÉPARER LA PERRUQUE.

Comme dans les perruques à la Louis XIII, XIV, XV et XVI, les cheveux doivent être parfaitement étagés, quel que soit d'ailleurs le genre de coiffure qu'on veuille reproduire, il est indispensable d'avoir devant soi, quand on prépare les paquets, une règle de division. Cette règle (voyez planche I, fig. 23) est ainsi distribuée : le chiffre 2 indique 6 centimètres, le 3, 2 centimètres en plus, le 4 et le 5 idem ; le 6 marque un intervalle de deux centimètres un quart ; le 7 et le 8 deux centimètres et demi, et tous les autres chiffres chacun trois centimètres.

Pour mélanger les crins avec les cheveux, il faut, après avoir réduit les cheveux et les crins à leur longueur, enfoncer les deux paquets dans une carde, et retirer de chacun alternativement des petites mèches qu'on réunit dans la main gauche pour les mêler. Cette manière est un peu plus longue que celle qui est en usage aujourd'hui, mais elle est préférable surtout pour la tresse des parties frisées du dessus de la tête, car les crins doivent être plus courts que les cheveux, afin de les rendre imperceptibles sous un voile de pointes de cheveux. Dans les ouvrages fins, un fond de crêpé mêlé à de la bonne frisure naturelle passée au moule (1) remplace le crin ; mais, dans ce cas, on ne doit pas mêler

---

(1) Voir pour la préparation des cheveux page 6 du premier volume.

les cheveux en paquet, mais bien en tressant. Cette opération se fait en joignant un ou deux cheveux du paquet de crêpé à chaque passée de cheveux lisses. Lorsqu'un ouvrage n'a pas besoin d'être très soigné, on fait une passée de crêpé sur deux ou trois de lisse, et, pour certains ouvrages, quand on veut obtenir un tapé bien léger par exemple, on fait d'abord une passée de crêpé cassé un peu court, une de crin un peu plus long, et puis une de cheveux en frisure forte, pour d'obtenir un corps de tresse soutenu et effilé. Il faut, après avoir disposé ses cheveux par longueurs, bien réfléchir sur la perruque qu'on veut faire, prendre les paquets un à un, les développer sur la règle afin de les classer par principe. Les paquets qui ont trop de longueur sont raccourcis par la tête avant de les délier, et, lorsqu'on dispose les cheveux, on met une étiquette sur chaque paquet portant le numéro de la division. La tresseuse ne doit pas égarer les étiquettes; au contraire, chaque bout de tresse doit en être marqué afin de ne pas confondre les longueurs en montant la perruque.

TRACÉ DES CORPS DE RANG DE PERRUQUES.

Plein de l'idée de la perruque qu'il va faire, le perruquier prend une feuille de papier, détermine l'étendue et la forme qu'il va donner à sa perruque et tire à l'encre des lignes horizontales en nombre égal à celui des rangs qui doivent la composer. Toutefois ces lignes doivent être assez éloignées les unes des autres pour qu'on puisse écrire entre et l'on fait des signes nécessaires pour indiquer les différents étages qui se succèdent dans chaque rang. Dans ce tracé, chaque ligne indique la longueur de chaque rang de tresse, les chiffres font connaître les étages, et les tirets font connaître les changements d'étages. Le tracé de la planche V (voir planche du perruquier de théâtre,) qui est celui de la perruque carrée ainsi que de la perruque nouée, nous donne une idée juste de la précision avec laquelle on travaillait anciennement. Les chiffres 2 n'ont qu'une seule longueur; les rangs de dessous sont composés de deux étages: le numéro 2 d'abord, le 3 ensuite, puis le 2 qui reprend et qui continue la tresse jusqu'au numéro 3 qui occupe une place parallèle de l'autre côté de la tête; car il faut bien se le figurer, ce tracé, qui est fait d'après la monture de la perruque, ne représente qu'un côté de la tête, tandis que celui qu'on donne à la tresseuse pour qu'elle se conforme aux signes de la division, est fait en entier et développé sur une plus grande feuille, de sorte que celle-ci ayant la mesure de chaque rang et le signe des étages que doivent renfermer chaque rang de tresse, il lui est facile d'être exacte à une passée près, attendu qu'elle met sur sa carde tous les paquets qui lui ont été remis pour tresser la perruque, et que ces paquets étant étiquetés selon la règle de division, à chaque rang et à chaque tiret, elle change de paquet selon le numéro indiqué au tracé. Les petites croix indiquent les endroits où il faut faire des faux rangs, c'est-à dire de ces rangs d'emplissage qui sont indispensables dans les parties où la tête s'arrondissant, écarte les tresses, et fait que le nombre ordinaire de rangs ne suffirait pas.

Les principes posés ci-dessus pour la confection des tresses ne sont applicables qu'à certaines perruques, comme aussi à certains corps de rang de plusieurs perruques. Ainsi la plaque de la perruque d'abbé, celle de la perruque en bonnet et le toupet de la perruque nouée peuvent être tressés à l'aune, ainsi que les grosses boucles de crins et les parties lisses des perruques à bourse.

MONTER LA PERRUQUE.

Pour les perruques de l'ancien régime, il y a trois différents genres de montures ; la première est celle à oreille, la seconde celle à demi oreille, et la troisième la monture pleine. Avec ces trois montures différentes, on peut faire toutes sortes de perruques. La monture pleine couvre les oreilles jusqu'en bas, celle à demi oreille laisse apercevoir la moitié des oreilles, et celle à oreilles les laisse entièrement à découvert. On garnit ces montures de bandes de plomb, de petits ressorts ou de fil de fer, de ruban de fil et même de bougran qu'on imprègne de gomme arabique à mesure qu'on le couvre de tresse. Les bons posticheurs introduisent leur gomme entre le bougran et le ruban de monture au moyen d'un couteau de buis très mince qu'on introduit entre ces deux tissus, avant d'achever de coudre le dernier côté. Le bord de front (voy. fig. 3, pl. II, lettre D) se compose de deux rangs de tresse fine et courte qui prend d'un angle frontal à l'autre. Les petits tournants BB sont deux rangs qui continuent jusqu'à l'oreille et qui, comme le premier, sont cousus, les cheveux abattus en avant pour être ensuite relevés au fer plat. Les grands tournants sont plus garnis et font le tour de la tête. Toutes ces perruques contiennent les trois parties de tresse que nous venons de désigner; mais les autres parties, telles que la coque: l'étoile, les corps de rangs, la plaque, le lisse, le toupet, le dessus de boucle et la grosse boucle, parties qui diffèrent essentiellement entre elles, doivent être étudiées avec un soin particulier, parce qu'elles servent à varier la forme et le caractère des perruques ; ainsi, indépendamment des trois premières parties de tresses, nous avons la coque (A pl. IV, fig. 5) en bec de perruque qui est composée de quelques rangs de tresses courtes dont les pointes s'élèvent verticalement sur le front. L'étoile (voy. B, même planche) se fait au moyen de deux petits chamarrages faits à droite et à gauche du bec de la perruque, lesquels font diriger la frisure de manière à former deux crochets qui se regardent. Le dessus de tête, c'est la partie qui se trouve placée entre les cheveux du bec et la plaque. Les cheveux du DESSUS sont excessivement courts.

Les corps de rangs qu'on divise en grands et en petits, et en corps de rangs croisés, servent à garnir le reste de la perruque. Les rangs croisés sont ceux qui occupent les bas du derrière de la perruque, et qui montent pyramidalement jusqu'à l'échancrure de la perruque. La plaque, c'est ce qui garnit le derrière des perruques d'abbé, en bonnet et naturelles. Le toupet, le dessus de la boucle et la grosse boucle, les nœuds et la carrure sont des corps de tresse particuliers aux perruques nouées et carrées. Nous ferons observer que le toupet P se fait généralement avec de la *tresse à l'aune,* ayant les cheveux plats, effilés, assez courts et tressés sans crin (voyez fig. 1, pl. IV) ; le boudin de la perruque est tout crin, les nœuds *aa* sont faits avec de la tresse fournie et une peu effilée.

ORDRE DE COUTURE POUR LA PERRUQUE CARRÉE.

On coud : 1° les tournants ; 2° le bord de front ; 3° la coque ou l'étoile ; 4° les nœuds à la nouée, la carrure à la carrée ; 5° la grosse boucle ; 6° les corps de rangs ; 7° le dessus de tête ; 8° le dessus de boucle ; 9° le toupet. Règle générale : les tournants se composent de deux rangs de tresse fine à deux soies ; le bord de tonsure se fait de même.

Perruque d'abbé. (voyez 38ᵉ livraison) 1° le bord de front ; 2° la coque ou l'étoile ; 3° les tournants ; 4° le dessus de tête ; 5° la plaque ; 6° le tour de tonsure. Cette dernière partie, selon Garsaud, se faisait, en 1760, en implanté au métier de rubanier. On implantait d'abord la tonsure, ensuite on la cousait, et en dernier lieu, on coupait les cheveux à rase, aux ciseaux, pour imiter une tonsure rasée de huit jours.

Perruque en bonnet. On coud : 1° les tournants ; 2° le bord de front ; 3° la coque ou l'étoile ; 4° les grands corps de rangs ; 5° les petits corps de rangs ; 6° le dessus de tête ; 7° la plaque.

Perruques à la brigadière. Elles se cousent comme le bonnet ; on y ajoute seulement par derrière deux grosses boucles en tire-bouchon qu'on noue avec une rosette de ruban noir.

Perruque à bourse. On coud : 1° les tournants ; 2° le bord de front ; 3° la coque ; 4° les corps de rangs ; 5° le dessus de tête ; 6° le lisse.

Nota. La perruque à bourse se fait le plus souvent à oreilles, rarement à monture pleine ; alors le lisse prend sur l'oreille même au-dessous des corps de rangs. Autrefois à cette perruque on ne faisait presque jamais d'oreillons par derrière, parce que tous les hommes se faisaient raser les cheveux du bas ; mais aujourd'hui, que ce soit pour la ville ou le théâtre, la monture doit avoir le double oreillon afin de bien cacher les cheveux naturels.

Perruques naturelles. Coudre : 1° les tournants ; 2° le bord de front ; 3° la coque ; 4° le dessus de tête ; 5° les grands corps de rangs ; 6° les petits corps de rangs ; 7° la plaque qui doit être tressée clair et former des boucles étagées sur les côtés, et terminées en pointe par une seule boucle, ou bien (et ce fut la dernière mode) sans boucles aux côtés, mais terminées carrément par une boucle sur le doigt qui occupait toute la largeur.

Perruques à cadenettes et à deux becs. Elle se coud comme la perruque à bourse ; on sépare la plaque, ou plutôt le lisse en deux portions égales, qu'on enferme chacune dans une cadenette : cette perruque est passée de mode, disait Garsaud, cependant quelques-uns la conservent encore.

ACHEVER LA PERRUQUE.

Lorsque la perruque est achevée de coudre, on l'éclaircit en parcourant tous les rangs avec des petits ciseaux ; puis, ayant mis le fer plat à chauffer dans de la braise afin qu'il ne rougisse pas, on commence par frotter les tresses à leurs racines avec le bout d'une chandelle, on mouille les corps de rangs avec une brosse à dents trempée dans de l'eau , ensuite on applique son fer sur les tresses que l'on juge convenable de presser. Le fer (planche I, n° 17) est commode d'un côté pour passer les grandes parties, et de l'autre pour passer les petites. Le fer, même planche, n° 18, est celui dont on se sert pour redresser les cheveux à la coque, et au-devant des tournants. Celui n° 21 est très commode pour presser les plaques, les corps de rangs de tresse épaisse et même les montures, avant qu'on ne commence à coudre les cheveux. La perruque étant finie, on la met sur la tête (voyez planc. II, n° 24, pied à coulisse), on la fixe au moyen d'un crochet n° 5 ou 6, et on le coiffe selon le genre de la perruque ou le caprice de la mode. M. Quarré à qui nous devons en partie tous ces détails, faisait, sous Louis XV, non-seulement l'implanté de MM. Lavacrie mais encore des perruques en cheveux indéfrisables, ainsi qu'il les qualifiait lui-même et qu'il les vendait dans sa boutique de la rue des Fossés Saint-Jacques. Ces perruques, dit M. Garsaud, ne se décoiffent jamais ; on en fait de toutes formes , et elles se recommandent particulièrement aux voyageurs, aux chasseurs, enfin à ceux qui sont souvent exposés aux intempéries de l'air.

Nous ferons observer que, pour les montures de perruques de femmes, les garnitures doivent être plus légères, et que les montures doivent être toujours à oreillon échancré, à moins qu'on ne veuille faire une perruque dans le genre de la femme assise, planche des *Costumes* sous Louis XIII, page 63.

Nous ne parlerons pas des principes pour poudrer, ayant traité ce chapitre, à la fin du premier volume. La préparation des cheveux a aussi été traitée page 6 du même volume. C'est pourquoi nous n'en faisons pas mention dans ce traité où cependant la préparation des cheveux entre pour beaucoup. Il est vrai de dire qu'aujourd'hui, il y a peu de coiffeurs qui préparent les cheveux eux-mêmes et que, dans les grandes villes, on peut se dispenser d'étudier cette partie de notre état.

L'ARTISTE EN CHEVEUX.

Par DUBREUILLE et CROISAT.

TRESSES, BAGUES ET CORDONS.

PREMIER ARTICLE.

Ce sont sans contredit les mille sentiments qui agitent le cœur de l'homme qui ont donné naissance à l'art de tresser les cheveux. Tantôt c'est un amant qui, prêt à partir pour un lointain voyage, dérobe à l'objet de sa flamme une mèche soyeuse, qui délicatement tressée, adoucira pour lui les ennuis de l'absence; tantôt c'est une mère éplorée qui veut conserver un triste souvenir de l'enfant qu'elle a perdu! Une bague, un médaillon, voilà quelles sont quelquefois les seules consolations du proscrit sur la terre d'exil, ou du pauvre soldat que le destin des batailles a cloué sur un lit de douleurs.

Comme on le sait, la profession de l'artiste en cheveux repose entièrement sur la confiance; la trahir, devient dans certains cas un véritable crime. Cependant combien de nos confrères ne se rendent-ils pas innocemment complices de semblables supercheries. La plupart d'entre eux, ignorant la manière de tresser les cheveux, sont obligés de céder aux artistes en cheveux les travaux qu'on leur confie. Leurs recommandations sont inutiles, si l'artiste est pressé par le temps, il aura recours à ces substitutions dont il n'est que trop coutumier, et la mèche précieuse, ce dernier souvenir d'une personne qui vous fut chère, est remplacée par des cheveux étrangers, avec lesquels elle n'a le plus souvent de commun que la nuance. C'est pour mettre nos confrères à même de pouvoir éviter les supercheries qui, nous le répétons, ne sont que trop fréquentes, et de remplir avec loyauté la tâche qui leur est confiée, que nous donnons ici la manière de confectionner les divers travaux en cheveux; les exécutant eux-mêmes, ils seront sûrs de n'être pas trompés, et de ne pas tromper. Cet article est donc essentiellement important.

Avant d'entrer en matière nous allons décrire tous les objets dont on se sert pour l'exécution des tresses et cordons :

N° 1. Surface du métier à entailles.

N° 7. Surface de la jatte sans entailles.

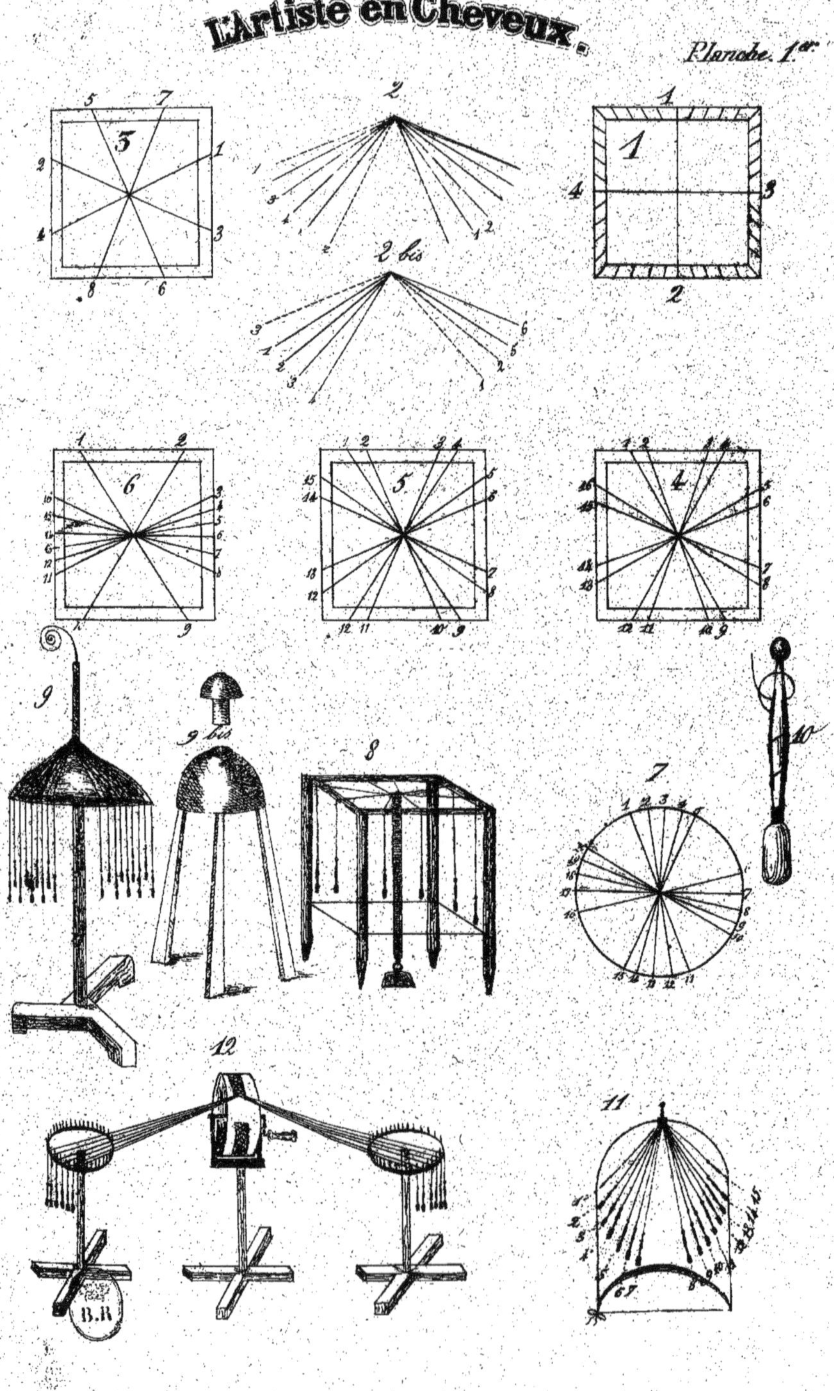

B.R

L'Artiste en Cheveux

Pl. 2

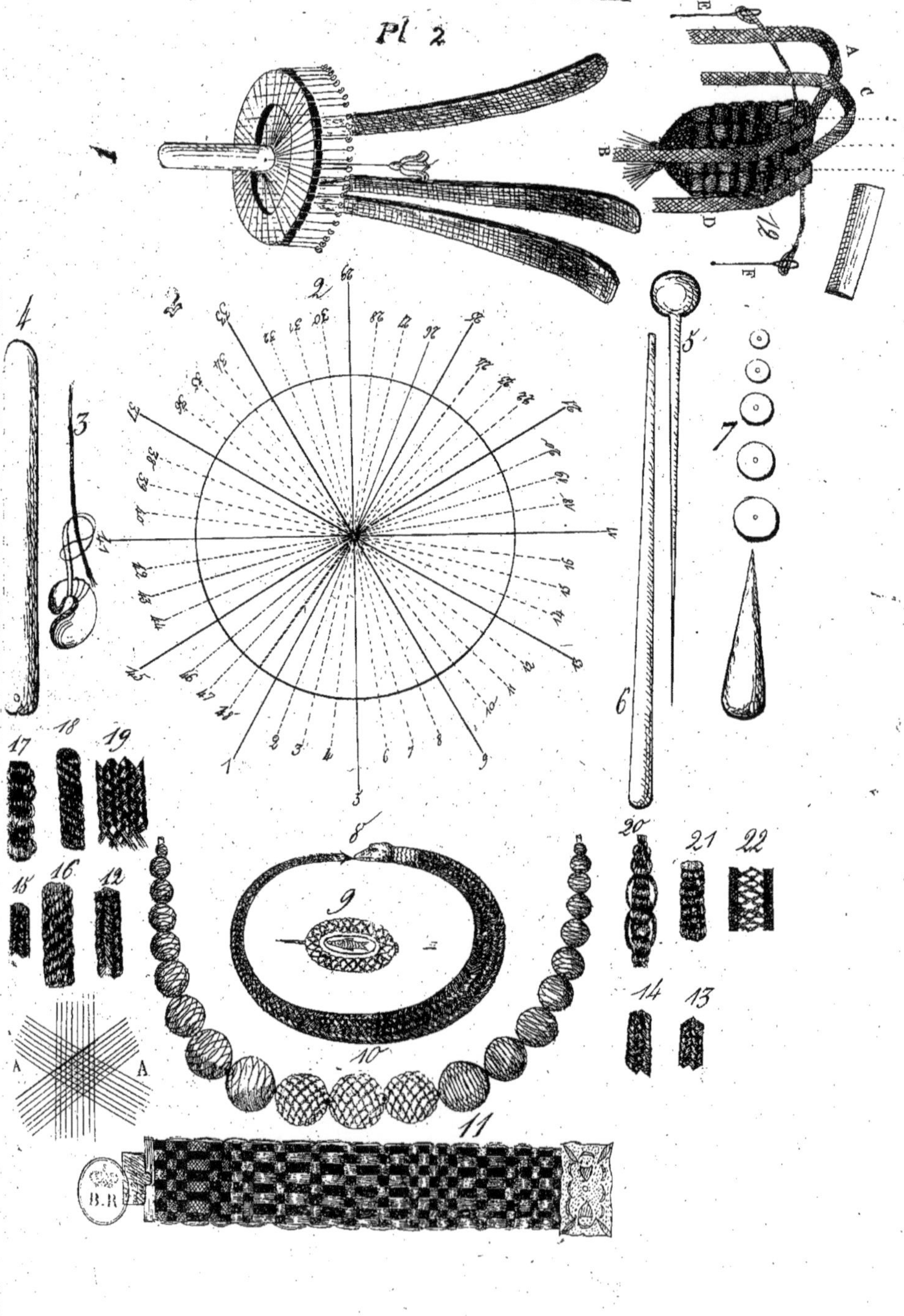

N° 8. Métier carré tout monté et garni du poids de tirage (le cordon est en dessous.)

N° 9. Jatte montée pour tresser, le cordon est en remontant.

N° 9. (bis) Autre jatte plus commode pour travailler debout et prête à recevoir la pièce percée du milieu.

N° 10. Fuseau garni d'une mèche de cheveux, nœud coulant.

N° 11. Tambour pour faire les petites tresses plates ainsi que celles carrées.

N° 12. Mécanique pour confectionner les tresses larges : ici les fuseaux se posent dans des crans, et à chaque passe on fait pivoter les tables, de sorte que les fuseaux se présentent toujours de même sous la main.

Observations générales. — A chaque fuseau il doit y avoir un fil double d'un mètre de longueur. La mèche nouée à chaque bout est prise dans un nœud coulant formé avec le fil. Le nœud coulant fait avec les cheveux au col du fuseau, permet de lâcher du cheveu sans être obligé de défaire le nœud. Pour rapiécer, quand on est habile sur la jatte, au moment de rabattre un des fuseaux du travers, on passe le nœud de sa mèche près du cordon; il s'y trouve pris, et cela tient parfaitement. Nous recommandons particulièrement de numéroter les fuseaux, de lire au fur et à mesure qu'on exécute les passes, et de se mettre autant que possible à deux pour étudier, parce que rien n'est plus facile que d'exécuter une passe lorsqu'on a quelqu'un qui lit lentement et à haute voix. Cette manière d'étudier est infaillible.

TULLE DE CHEVEUX

POUR

BOUCLES D'OREILLES, COLLIERS, ÉPINGLES, ENTOURAGES DE BROCHES

ET BOURSES.

Le tulle se fait sur le métier n° 1 de la planche 2, avec 24, 36, 48 ou 60 fuseaux, plus ou moins, selon la grosseur du moule sur lequel on veut le faire. Le nombre 48 porté fig 2, est celui qui convient pour boucles d'oreilles et boules de colliers de moyenne grosseur. Pour l'exécuter, il faut avoir un métier plat et à ouverture dans le milieu; il faut aussi avoir un moule percé à l'un des bouts, afin de pouvoir y passer un fil à cordonnier qui sert pour assujettir le moule sur le milieu du rond, juste au point de rencontre de tous les bouts de cheveux. Ceci fait, le poids de tirage étant mis, et les fuseaux ou plombs étant numérotés, on commence son tulle de la manière ci-après : on dispose tous les fuseaux de manière à ce que toutes les mèches de cheveux se présentent à droit fil, à partir de la ligature; ensuite, soulevant les 4 premières mèches, savoir : celle n° 1 avec le petit doigt de la main gauche et celle n° 2 avec le quatrième doigt de la même main, le n° 4 avec le petit doigt de la main droite et le n° 3 avec le quatrième doigt de la même main, on commence la première passe en faisant passer le 3 sur le 2 et le 2 à la place du 3, et, sans abandonner les fuseaux, on fait passer immédiatement le 2 par dessous le 4 et le 3 par dessous le 1; ceci fait, le 3 se trouve à côté du 48 et le 2 à côté du n° 5.

Après cela, on fait un mouvement à droite, on soulève avec les susdits doigts de la main gauche le 5 et le 6, avec ceux de la main droite le 7 et le 8, et dans cette position on fait la deuxième passe qui s'exécute ainsi qu'il suit : le 7 croise sur le 6, le 6 sur le 4 et le 5 sur le 7, ce qui fait que le 7 se trouve placé contre le numéro 2, et le 6 à côté du 9; on fait ainsi le tour du métier de passe en passe par des mouvements à droite, jusqu'à ce qu'on soit arrivé à la dernière passe qui se compose des numéros 45, 46, 47 et 48, lesquels, soulevés à deux mains d'après la manière susindiquée, terminent ainsi la première rangée de réseaux : le 47 passe sur le 46, le 46 passe par dessus le 48, et le 45 sur le 47. Pour commencer une seconde rangée de réseaux, on pousse le 46 et le 48 vers les fuseaux qui se trouvent à droite; on fait un mouvement à gauche, et on soulève de la main droite les numéros 48 et 47, et de la gauche le 42 ainsi que le 44. Dans cette position, on tient une partie de la dernière passe et autant de l'avant-dernière, et on commence, ainsi que l'avons dit, la seconde rangée de réseaux en passant le 47 sur le 42, le 42 sur le 48 et le 44 par-dessus le 47; on continue ainsi son mouvement à gauche pour faire toutes les passes de 4 en 4 fuseaux jusqu'à ce qu'on ait fait le tour. Nous recommandons de faire une remarque à la première passe de chaque tour, parceque arrivé à la dernière, il faut s'arrêter juste à propos afin de savoir à quel moment on doit rebrousser chemin. Quoique nous ayons enseigné la manière de modifier sa passe en changeant de côté lorsqu'on est arrivé à la douzième; nous croyons utile de répéter qu'arrivé à la dernière passe, que cela soit à droite ou bien à gauche, il faut pour commencer la première passe suivante, garder deux fuseaux de la douzième pour les enlacer avec les deux plus près voisins de la onzième. C'est ainsi que l'on parvient à fermer son réseau, quoiqu'on ne fasse jamais le tour du métier.

Nous ferons observer qu'à chaque passe, après avoir mis chaque fuseau à la place qu'il doit occuper, il faut enlever deux fuseaux de chaque main et faire un écart aussi grand que possible afin de serrer les nœuds du réseau. Lorsqu'on a fini son travail, pour arrêter les mailles de manière à ce qu'elles ne puissent pas se défaire, on les noue de 4 en 4; dans ce nombre, 2 doivent venir de la droite et 2 de la gauche; cela fait, on peut couper les fils et faire bouillir son tulle afin de lui donner de l'apprêt.

Quel que soit l'ouvrage de ce genre, bourse, boule, pendants d'oreilles ou autres, on ne doit pas ôter le tulle de dessus le moule avant que ce ne soit parfaitement bien sec. *Autre observation* : si l'on veut faire un collier à boule de grosseur égale partout, on peut faire son tulle sur un long mandrin, et lorsque la tresse est faite, on remplace le mandrin par une série de boules qui donnent la forme voulue au collier, au moyen d'une ligature serrée que l'on fait entre chaque boule et qu'on laisse jusqu'à ce que les cheveux aient reçu l'apprêt. Lorsque les cheveux sont bien secs et que l'on a enlevé les boules de bois, on met entre chaque boule un petit anneau d'or que l'on ferme avec des petites pinces : cela donne de la consistance au tulle et enrichit le collier.

S'agit-il de faire une bourse, arrivé au tiers de la longueur de la pièce, lorsqu'on a fait la douzième passe, on ne doit plus chercher, pour un temps du moins, à fermer le cordon par derrière, c'est-à-dire à l'endroit de la jonction, et cela se conçoit : il faut une ouverture pour faire passer l'argent; arrivé aux deux tiers de la bourse, on recommence à fermer la pièce comme dans le commencement.

Si l'on veut faire une tête d'épingle, la monture du métier demande plus de soin et de délicatesse, parce qu'il est essentiel de ne faire qu'une seule ouverture à la boule, comme par exemple du côté de l'épingle. Pour cela, on met deux fuseaux par mèche, c'est-à-dire un à chaque bout, de sorte que 24 mèches suffisent à 48 fuseaux. Pour un travail semblable, les mèches se posent sur le métier en travers et par partie de 8, c'est-à-dire 8 d'abord, ce qui fait 16 fuseaux, vu que cela en fournit 8 de l'autre côté du métier, 8 autres mèches viennent croiser sur les 8 premières, et enfin 8 autres croisent sur la seconde couche. (V. planche 2 fig. AA de l'Artiste en Cheveux). Les 48 fuseaux étant ainsi suspendus, il ne reste plus qu'à réunir toutes les mèches ensemble sur le point de centre du métier. Pour cela, on prend le moule n° 4, on passe un bon fil dans le petit trou qui est à l'un des bouts, on présente ledit moule au-dessus du métier, on fait passer les deux bouts de fil en dessous des cheveux par les endroits marqués A; et puis, tenant le moule avec les dents, on noue son fil en dessous fort et serré, et alors toutes les mèches se réunissent, on accroche son poids après ledit fil et le moule se tient droit comme il doit être pour faire la boule.

Je ferai remarquer qu'au bas du moule il y a une petite entaille où le fil se loge afin d'éviter toute épaisseur, et je dirai aussi qu'après avoir fait la quantité de tulle nécessaire pour faire la boule et formé ses nœuds d'arrêt, on n'a qu'à décrocher le poids qui est suspendu au fil du moule et défaire le nœud pour pouvoir enlever le mandrin et introduire dans la boule la tête de l'épingle n° 5. Le tulle étant bien tendu sur ladite épingle, on le fixe avec un fil sur la tige de l'épingle, et on laisse le tulle dans cet état jusqu'à ce qu'il ait reçu l'apprêt nécessaire.

Dans l'exécution de toutes ces différentes pièces, il faut s'attacher à avoir un poids approprié à la lourdeur des fuseaux, un peu plus lourd cependant, parce que si le tirage était faible, les mailles ne seraient pas assez ouvertes, du moins en longueur.

Nous conseillons pour ces sortes d'ouvrages de prendre des plombs semblables à celui n° 3, parce qu'ils sont plus commodes à manier et l'ouvrage se frappe mieux.

TRESSE SERPENT.
(Voyez fig. 8).

Cette tresse sert indistinctement pour colliers, bagues et bracelets, sa forme est élégante et gracieuse, et le tissu est un des plus jolis. Le nombre des fuseaux est subordonné à la grosseur de la tresse que l'on veut faire, c'est 16, 22, 32 ou 36 qu'il en faut; celui dont nous offrons le modèle, planche 2, fig. huitième, a été fait avec 28 fuseaux, chargés chacun de 15 cheveux. Pour l'exécuter, il faut avoir un morceau de bois de la forme et de la grandeur que l'on veut donner à la tresse. Quant au montage du métier, c'est exactement la même chose que pour le tulle.

On commence la première passe ainsi qu'il suit : Exécution : n° 1 sur 2, 3 sur 4, 5 sur 6, 7 sur 8, et ainsi de suite jusqu'à ce que le 27 ait croisé sur le 28; en ce moment on s'arrête pour faire une autre passe en revenant sur ses pas, et cette passe se commence ainsi : on laisse le 27 à côté du 2, et l'on prend les deux fuseaux qui se trouvent à sa gauche; ce sont le 28 et le 25, le 28 se dirigeant vers la gauche, croise sur le 25, le 26 sur le 23, le 24 sur le 21 et ainsi de suite jusqu'au bout de la passe où le 2 croise sur le 27; là on s'arrête pour rétrograder et faire une troisième passe qui s'exécute ainsi qu'il suit : 27 sur 4, 1 sur 6, 3 sur 8 et ainsi de suite. Ceci est le point du serpent simple. Si l'on veut obtenir la maille double, celle qui décrit des côtes plus apparentes et qui prête à l'élasticité, il faut, au lieu de chercher à construire les mailles à chaque passe, c'est-à-dire au lieu d'en faire une qui croise dessus et une autre dessous, il faut qu'il y en ait deux en dessus et deux en dessous; ainsi la première et la seconde se font en croisant dessus, la troisième et la quatrième en croisant dessous. Voir du reste pour le principe de ce nattage le numéro 14 de la planche aux tresses de la 49e livraison, 5e volume.

Le travail étant fini, on noue les mèches, on fait bouillir, et puis on introduit un élastique fait sur un moule conforme à la grosseur et à la longueur du serpent. Cet élastique doit néanmoins avoir moins de longueur que la tresse, et il doit être un peu tiré à l'extrémité du gros bout afin qu'après avoir coupé les fils, on puisse les arrêter et les consolider avec le fil de fer provenant de l'élastique. Pour arrêter l'élastique de l'autre bout, on entr'ouvre un peu le commencement de la tresse, on fait sortir l'élastique pour l'arrêter comme de l'autre bout.

Ces tresses qui ont pour garniture la tête et la queue du serpent, se montent comme toutes les autres, c'est-à-dire à la *gomme-laque*, et à la lampe à esprit **de vin**.

Il est de règle générale que, pour coller une monture quelconque, il faut d'abord faire fondre sa cire ou sa gomme-laque à la flamme de la lampe, en imprégner le bout de la tresse, aplatir le bout entre le pouce et l'index, afin que l'introduction en soit plus facile, quelquefois même on redresse la partie poissée avec des ciseaux ; cela fait, on prend sa monture avec de petites pinces d'une main, la tresse de l'autre, on fait chauffer la monture pour amollir la cire qui est sur les cheveux, et l'on introduit vivement la tresse dans la boîte de la monture.

TRESSE CARRÉE.
Faite sur la jatte.

Cette tresse se fait sur le tambour. On fixe en conséqnence au haut du tambour dix fuseaux chargés chacun de quinze cheveux. On en place six à droite et quatre à gauche (pl. 1, fig. 2), ainsi que l'indiquent les lignes noires que vous voyez sur le dessin. On prend les nᵒˢ 1 et 2, et sans les croiser, on les reporte à gauche sur les lignes ponctuées nᵒˢ 1 et 2, on reprend de ce côté, où sont maintenant six fuseaux, les deux du milieu, et on les reporte en face de chaque côté des quatre qui restent ; c'est ce qu'on appelle *une passe*. On renouvelle cette opération jusqu'à ce que la tresse soit finie.

Nous ferons observer que pour ne pas être exposé à se tromper, il faut, quand on étudie, numéroter les fuseaux à l'encre.

GANCE PLATE ET MANIÈRE DE RALLONGER UNE TRESSE.

Lorsque vous voyez qu'un de vos fuseaux va finir, vous en chargez un autre. Vous attachez le bout des cheveux de ce nouveau fuseau avec un bout de fil et une épingle sur le tambour, à côté de votre tresse et du fuseau qui finit. Vous continuez de tresser ; et lorsque le tour du fuseau finissant arrive, au lieu de vous en servir, vous employez le nouveau fuseau. Lorsque vous avez répété cela cinq ou six fois, c'est-à-dire, lorsque le fuseau nouveau a marché cinq à six fois sans que l'ancien ait travaillé, vous coupez l'ancien et laissez le nouveau à sa place. Maintenant passons à la seconde tresse, qui est d'un usage presque général ; car c'est avec elle que l'on fait ensuite les tresses élastiques de différents genres : c'est *la tresse plate*, et voici comment elle se fait ; c'est encore sur le tambour que nous allons travailler. Disposez treize fuseaux chargés de dix cheveux chaque ; mettez-en sept à droite et six à gauche, comme l'indiquent les lignes noires (pl. 1, fig. 11). Prenez le dernier en dehors, du côté où il y en a sept, c'est-à-dire le n° 1 ; passez-le par-dessus les n°ˢ 2 et 3, ensuite par-dessous les n°ˢ 4 et 7, et placez-le à gauche, à côté du n° 8, sur la ligne ponctuée. Faites la même opération en partant de la gauche, c'est-à-dire en prenant le dernier fuseau n° 13, et en le passant par-dessus les n°ˢ 12 et 11, par-dessous les n°ˢ 10 et 9, par-dessus les n°ˢ 8 et 1, et en le plaçant à droite, à côté du n° 7. Vous aurez alors fait une passe complète, et il ne s'agira plus que de continuer toujours de même.

Noᴛᴀ. Le nombre des fuseaux peut être augmenté de 2, 4, 6, 8 ou plus, selon comme on veut faire la tresse large : si l'on veut obtenir une tresse à bordure, comme celle n° 16 de la planche aux tresses de la 49ᵉ livr., on peut également la faire sur le tambour. Celle-ci forme à elle seule un très joli bracelet.

TRESSE RONDE.

Faite sur le tambour, à six fuseaux, dont 4 à gauche et 2 à droite (Voy. fig. 2 bis, planche 1.

Pour celle-ci il faut prendre le n° 2, le passer par-dessus les n°ˢ 3 et 4, et le porter à droite contre le n° 5, sur la ligne ponctuée ; ensuite prendre le n° 3, le passer derrière le nᵃ 1, en passant par-dessus, et le poser sur la ligne ponctuée : par ce moyen, le n° 1 se trouve entre les n°ˢ 3 et 4. On prend alors le n° 1, et le passant par-dessus le n° 4, on vient le placer à droite, à côté du n° 2, sur la ligne ponctuée. On recommence toute cette opération en partant de la droite, et la passe est faite ; il n'y a plus qn'à continuer de même.

Cette tresse se fait aussi sur la jatte, pourvu qu'on observe les mêmes principes, et elle est encore plus jolie.

TRESSE CARRÉE A ANNEAUX.

Faite sur la jatte ou le métier, voyez planche 1, figure 8.

On dispose seize fuseaux, on en réunit tous les cheveux en un seul faisceau, en les attachant par leurs extrémités et avec un bout de fil autour d'un fil de laiton qui ait sept à huit pouces ; on introduit le tout par le trou qui est à la partie supérieure de la jatte. Lorsque le bout des cheveux passe au-dessous de la jatte, on y suspend un petit poids pour que la tresse, toujours tendue, descende par ce trou à mesure qu'elle se fait ; en même temps, le laiton se trouve enfermé au milieu de la tresse qui se forme tout autour : dans l'instant je vous démontrerai l'utilité de ce laiton. Vos seize fuseaux disposés comme il vient d'être dit, vous les écartez sur la jatte autour de laquelle ils sont pendants ; vous les partagez en croix par quatre, comme je fais (pl. 1, fig. 4) ; vous prenez les n°ˢ 10 et 11, vous les portez en face entre les n°ˢ 2 et 3, vous rapportez les deux fuseaux à la place où étaient les n°ˢ 10 et 11 : c'est la première passe. Pour la seconde, vous prenez les n°ˢ 14 et 15, et les transportez à l'opposé, entre les n°ˢ 6 et 7, et vous rapportez les deux fuseaux, à la place des n°ˢ 14 et 15. On recommence ces deux passes alternativement sur chaque face de la jatte jusqu'à ce que la tresse soit achevée. Maintenant je reviens au fil de laiton. Cette tresse, ainsi que toutes celles qui nous restent à démontrer, sont élastiques ; et, pour leur donner cette propriété, il faut, lorsqu'elles sont entièrement achevées, les serrer le plus possible, en les repoussant sur elles-mêmes ; ce qui se fait aisément au moyen du fil de laiton qui les traverse de part en part. Pour empêcher que la tresse ainsi ne se développe, on plie sur chaque bout ce qui excède du fil de laiton, et dans cet état on fait bouillir la tresse dans de l'eau pendant environ trois quarts d'heure ; on la retire, on la laisse refroidir, et alors seulement on retire le fil de laiton de l'intérieur de la tresse, qui reste dans le même état, et devient fort élastique. . . . . . Les tresses de cette espèce sont, en général, les plus convenables pour faire des bracelets et des ceintures, parce qu'elles prêtent autant qu'il est nécessaire, et serrent toujours également le bras ou la taille.

TRESSE RONDE A MAILLE DE TRICOT.
(Voyez planche 2, figure 15).

La tresse dont je fais l'objet de cette leçon est fort jolie ; c'est la tresse à mailles de tricot. Vous disposez, comme pour les précédentes, seize fuseaux sur votre jatte (pl. 1, fig. 5) ; vous prenez les deux fuseaux n°s 9 et 12, vous les portez en face entre les deux n°s 2 et 3 ; vous prenez les n°s 4 et 1, et les reportez entre les n°s 10 et 11. Cette passe finie, vous opérez de même sur l'autre face. Continuez ainsi alternativement sur chaque face, et vous verrez qu'il en résultera une tresse charmante.

TRESSE PLATE A MAILLE A JOUR SUR LE COTÉ. (N° 20. pl. 2)

Cette tresse, quoique compliquée en apparence, n'offrira cependant pas beaucoup de difficulté. Exécution : on dispose seize fuseaux comme pour les précédentes (pl. 1, fig. 5). On fait une première passe entière des n°s 10 et 11 avec les n°s 2 et 3, et des n°s 9 et 12 avec les n°s 4 et 1. On en fait une seconde des n°s 13 et 14 avec les deux n°s 6 et 7 seulement, et on répète ces deux opérations alternativement jusqu'à cinq fois, de sorte que la première passe se trouve répétée trois fois, et la seconde deux fois. Il s'agit alors de faire une dixième passe, et pour cela vous prenez les deux n°s 12 et 15, que vous portez en face entre les deux n°s 5 et 8, et reprenant les n°s 8 et 5, vous les rapportez entre les deux n°s 5. Cela fait, vous recommencez les cinq passes qui viennent d'être indiquées, et toujours la sixième se fait avec les n°s 12 et 15, que l'on rapporte entre les n°s 6 et 7 avec les n°s 8 et 5, que l'on place entre les n°s 13 et 14.

TRESSE PLATE CANNELÉE (N° 17, pl. 2.)

Nous avons à nous occuper en ce moment de la tresse plate à jour à petits festons.

Cette fois, les seize fuseaux dont nous avons besoin se rangent dans un ordre différent, c'est-à-dire que l'on en met six sur une face de la jatte, six autres sur la face opposée, deux d'un côté, deux de l'autre (pl. 1, fig 6). Il s'agit alors de faire quatre passes ; savoir : une première en transportant les n°s 9 et 10 entre le 1 et le 2 et en amenant ces deux derniers devant soi ; une deuxième en faisant passer par un mouvement à droite, les n°s 5 et 6 entre le 13 et le 14 ; une troisième en mettant le 4 et le 7 à la place des 12 et 15, et enfin la quatrième en substituant à la place des 11 et 16 les n°s 3 et 8. Tous les fuseaux ayant fait leur passe, c'est-à-dire, que ceux qu'on a devant soi ayant pris la place de ceux vis-à-vis, bien entendu en passant en dedans, ou pour mieux être compris, les n°s 9 et 10 ayant été mis d'un seul mouvement et sans les croiser entre les 1 et 2, ceux 5 et 6 entre le 13 et le 14, le 4 et le 7 entre le 12 et le 14 et les 3 et 8 entre le 11 et le 16, la passe est finie et l'on recommence par le petit côté.

Si l'on veut obtenir une cannelure large, il faut, au lieu de prendre toujours le même grand côté, changer alternativement, prendre toujours le même petit côté et jeter toujours ses fuseaux au dedans de ceux qu'on veut enlever.

CORDON TORSE.

Fait sur la jatte ou le métier (Planche 1, figure 5).

Cette tresse qui est d'un joli effet, est d'une facile exécution.

Placez vos seize fuseaux comme vous le voyez (pl. 3, fig. 5). Prenez les n°s 9 et 10; portez-les de chaque côté des 1 et 2 et rapportez ces deux derniers devant vous, prenez ensuite le 11 et le 12, portez-les de chaque côté du 3 et du 4; faites de même par un mouvement à gauche des n°s 14 et 15 avec les 7 et 8 et des 12 et 13 avec le 7 et le 8, et la première passe sera faite.

Je ferai observer qu'ici les fuseaux qu'on enlève pour les porter vers leurs vis-à-vis, font la passe en dehors.

TRESSE A CABLE.

Faite sur la jatte (Voyez planche 3, figure 2.).

Pour la tresse à câble, voici comme on s'y prend : Il faut préparer seize fuseaux sur la jatte, et les ranger par quatre, comme je le fais voir (pl. 1, fig. 5). On fait une première passe des n°s 10 et 11 contre les n°s 2 et 3. On en fait une seconde des n°s 13 et 14, avec les n°s 6 et 7 ; une troisième des n°s 12 et 9, contre les deux n°s 4 et 1 ; enfin une quatrième des n°s 12 et 15, avec les n°s 8 et 5. On recommence quatre passes semblables, et ainsi de suite. . . .

MONTURE
DES CEINTURES ET BRASSELETS ÉLASTIQUES.

On fait des ceintures et des bracelets larges de 4, 6, 8 et même 10 petites tresses plates comme celles décrites dans ce chapitre. La largeur varie selon le caprice de la mode, mais le principe est toujours le même. La description que nous donnons est la plus facile, parce qu'elle n'exige que peu de tresses, mais elle suffira pour donner la clef de toutes les autres.

On prend quatre bouts de tresses ayant chacun un demi centimètre de largeur, et deux n'ayant qu'un centimètre, on les réunit ensemble par un bout et puis on enfile les deux petites dans deux passe-lacets; cela fait, on prend ce bouquet de tresses de la main gauche, la ligature entre le pouce et l'index, et l'on dispose ces tresses de manière à ce que deux des larges se jettent en avant, deux en arrière et les deux petites sur les côtés; dans cette position on prend la tresse A, on la rabat sur le pouce, celle B sur l'index, le C sur le pouce et le D sur l'index; après cela on prend le passe-lacet F, on le rabat sur la tresse A pour le faire passer sous le B, sur le C, et puis il ressort par dessous le D; on prend le passe-lacet E qui se trouve alors de ce côté, on le rabat sur le D pour le faire passer sous le C, sur le B, puis il ressort par dessous la tresse A, on prend deux épingles, on les enfile comme on vient d'enfiler les petites nattes, et puis on prend les grandes tresses, deux de chaque main pour tendre le travail fait dans la première passe, la seconde se fait en rabattant les grandes dans le sens opposé; quant aux petites tresses, elles fonctionnent toujours de la même manière, c'est-à-dire qu'après avoir retiré les deux épingles, on les tend un peu pour serrer les mailles, et qu'elles font leurs croisures de droite à gauche, de gauche à droite sans jamais se croiser entre elles l'une sur l'autre. Si l'on veut obtenir dans un corps de bracelet ou de ceinture des mailles plus longues les unes que les autres et qui produisent des clairs, il faut piquer entre les nattes de longues épingles qui s'élèvent verticalement (V les lignes ponctuées) et qui servent à maintenir des moules demi ronds qu'on pose sur les nattes avant de faire la passe, le côté plat sur les épingles. Il est un bracelet fort joli et qui est aussi fort à la mode, c'est celui composé d'un morceau de dentelle fait sur un mandrin ovale et bordé d'un boyau de cheveux cousus de chaque côté, fait en point de serpent. (V. n°22) Si l'on veut établir des boucles d'oreilles non transparentes, il faut avoir des poires et de petits boutons en bois percés au milieu de part en part; on enfile plusieurs cheveux dans une aiguille et l'on fait sa garniture de la même manière et aussi facilement que le font les passementiers.

Dans le cas où l'on voudrait composer un cordon de cinq ou six bouts différents, on réunirait les morceaux ensemble en les cousant avec du fil de la même couleur que les cheveux, et on recouvrirait ses attaches d'une couche de cheveux tournés dessus et consolidés d'un triple rang de point de boutonnières à l'instar des glands des passementiers.

PERRUQUES CHAUVES

ET

BARBES POUR LE THÉATRE.

Au théâtre, pour les pièces de l'ancien répertoire, on a toujours recours aux ouvrages des anciens perruquiers, et notamment à celui de M. *Poitevin*, et l'on n'est jamais embarrassé pour aucune des coiffures à caractère. Ce qui manque pour les perruquiers attachés aux théâtres; c'est un guide pour la confection des perruques *chauves*, les barbes et moustaches, ainsi que pour les coiffures dites *carricatures*. Nous croyons donc faire une chose utile en faisant connaître à nos confrères, les moyens, ou plutôt les secrets qu'on met en usage pour ces sortes d'ouvrages.

Une perruque chauve, soit à faux front, soit à front ordinaire, pour qu'elle imite bien la nature, il faut qu'elle soit implantée dans de la peau de chevreau préparée, et que sous cette peau il n'y ait aucune épaisseur de tresse comme cela se voit dans les implantés sur gros de Naples, il faut aussi que la peau ne forme pas de plis; et voici comment on s'y prend : on fait d'abord sa monture comme il est indiqué au n° 1, c'est-à-dire, il faut que les rubans ne passent pas sur le devant. La coiffe est un morceau de peau ou de nankin; on double cette coiffe d'un parchemin bien mince qu'on mouille afin qu'il ne

1
2
3
4
4
5
6
6
7
8
C
C
C
E
E
B.R

plisse
cela,
n° 1)
d'un
plant
différ
Da
soit l
place
jeter
dans
Lo
l'on
la pe
pour
sout
dirig
gnes
sous
L
dirig
faut
cord
laiss
de l
ligne
peau
l'avo
faire
qui
beso
prin
L
offr
de r
barl
Etal
une
ains
mer
de l
pré
et
mo
con
pro
for
fav
ara

plisse pas, et on laisse dépasser le parchemin de six lignes sur le devant. Après cela, on tend une peau de chevreau sur une tête de fil de fer sans la mouiller, (V. nº 1) et de manière à ce que les parties à implanter soient plus unies, et au moyen d'un compas cintré, dit compas d'épaisseur, on prend ses distances et l'on implante en tirant en dessus comme il est dit pag. 20 du premier volume. La seule différence qu'il y ait, c'est qu'ici la carcasse de fil de fer tient lieu de métier.

Dans une implantation semblable, il faut que la distribution des cheveux soit bien faite, c'est-à-dire qu'il faut que les longueurs soient bien mises à leur place, et si c'est une perruque grise que l'on veut faire, il faut avoir soin de jeter des mèches blanches et des noires là où la nature nous les fait pousser dans un âge avancé.

Lorsque tout l'implanté est fini, on retourne la tête sans dessus dessous et l'on coupe toutes les tresses qui se trouvent retenues par les fils de fer : alors la peau se détache de la tête et il ne reste plus qu'à l'appliquer sur la monture ; pour cela on couvre le parchemin d'une bonne couche de colle de Flandre dissoute dans de l'eau chaude, on dispose les cheveux implantés pour qu'ils se dirigent comme on le désire, et puis on coupe toutes les tresses à six ou 8 lignes de la peau et l'on applique son implanté sur la monture, les têtes en dessous, pour qu'elles se collent.

Le collage exige bien des soins ; d'abord, il faut que les cheveux soient bien dirigés dans leur sens, parce qu'on ne peut pas y passer le fer plat, ensuite il faut que la peau soit parfaitement bien tendue par devant avec des pinces à cordonnier, et puis, on ne doit pas retoucher la tête de deux jours afin de laisser durcir le collage ; après ce temps, on garnit le bas de la perruque avec de la tresse légère, on pose sa boucle par derrière et l'on coupe la peau trois lignes plus bas que le parchemin afin que le bord du front se confonde avec la peau. Dans tous les cas, lorsqu'on pose une de ces perruques, on doit, après l'avoir mise sur la tête, garnir le bord d'une pâte rose avec un couteau, afin de faire disparaître la ligne de démarcation qui se voit de fort loin. Cette pâte qui ne doit pas être fondante, s'étend comme le mastic de vitrier, et elle sert au besoin à masquer les taches qui peuvent être faites aux parties peu garnies et principalement au front.

La confection des barbes offre aussi certaines difficultés, celle dont nous offrons le modèle, les soulève en partie toutes. (V. fig. 4). Celle-ci a l'avantage de ne pas rester immobile de la moustache, comme presque toutes les fausses barbes ; lorsqu'un acteur parle, le haut reste constamment appliqué sous le nez. Étant à jour sur le menton elle ne saurait échauffer la figure. Elle s'exécute sur une tête à menton. La monture composée de fil de fer et de rubans se fait ainsi : un long fil de fer part d'une oreille, descend sur un des côtés et au bas du menton, remonte jusqu'à la mouche et il s'en va faire le même office de l'autre côté de la figure ; un second fil de fer prend de chaque côté de la bouche et se fixe au premier par les deux bouts ainsi qu'au milieu ; un troisième se pose au-dessus et prend la forme de la moustache.

Les ressorts (nº 5) sont ceux qu'on emploie le plus pour faire tenir les fausses moustaches. Celui (nº 16) se pose les crochets au dedans des narines, l'autre au contraire, se pose la pincette arrondie en dehors, chose qui gêne moins et qui produit un meilleur effet.

Le ressort nº 7 est on ne peut plus commode pour adapter des favoris qui ne forment pas collier.

Il y a un moyen plus ingénieux que tout cela pour imiter une barbe ou des favoris naturels, c'est de coller du crêpé sur la figure même avec de la gomme arabique. Ce moyen, nous le conseillons, mais nous faisons observer que les barbes ainsi faites ne supportent pas autant la fatigue, et qu'elles se détachent à la transpiration.

Les cheveux de la grande barbe sont montés : tresse tournée en rabattant depuis l'oreille jusqu'au ruban du menton, la moustache se compose de trois rangs de tresses crêpées, cousues sur le nez et de tresses tournées de chaque côté en rabattant jusqu'au point de rencontre des deux fils de fer; le menton est garni de plusieurs rangs de tresses cousues sur le ruban et sur le bord de l'impériale; un rang de tresses est rabattu en forme de recouvrement. Les moustaches à crochets se font avec de la tresse tournée, et les favoris sur ressort se composent d'un chamarrage de tresse fine cousue obliquement.

L'ARTISTE EN CHEVEUX.

SUJETS ALLÉGORIQUES.

DEUXIÈME PARTIE, DERNIER ARTICLE.

Les sujets en cheveux sont sans nombre, car chacun peut en composer à son gré, de même que chaque peintre fait tous les jours de nouvelles compositions. Il est cependant certains sujets que l'on affectionne particulièrement dans la partie de l'artiste en cheveux : ce sont ceux qui par leur aspect ou leur nature expriment avec plus de force certains sentiments, tels sont par exemple: la pensée, les enlacements de chiffres, les mausolées, les cœurs, les tourterelles accouplées, les nœuds, et la fleur gracieuse appelée: Plus je vous vois, plus je vous aime, ainsi que celle dite : Aimez-moi. Il est des sujets beaucoup moins expressifs et qui cependant flattent certaines personnes, ce sont les gerbes et les petits bouquets. Nous ne donnons dans ce chapitre qu'un simple aperçu de tout ce qui se fait, parce que, développant avec soin les principes qui en font la base, nous laissons à l'intelligence et au goût des lecteurs, le soin du choix et de la composition, objets pour lequel il n'y à point de bornes, car de même qu'il se fait des mausolées, des temples et des fleurs, nous avons des artistes qui sont parvenus à force d'étude à faire des ouvrages dignes de figurer au salon de peinture.

PRÉPARATION DES CHEVEUX.

Si l'on veut exécuter un chiffre de petite dimension ou bien un sujet, dont les détails soient menus, il faut que les cheveux soient amollis dans une eau alcaline. Pour les sujets de grande dimension, les cheveux doivent aussi subir cette préparation, mais avec moins de force, parce que plus les contours sont grands, et plus on a de facilité pour les former ; le moyen le plus usité pour amollir les cheveux, c'est de les faire bouillir dans des cendres de boulanger. Nous avons bien le sel de tartre et la potasse qui, étendus dans de l'eau, produisent à peu près le même résultat, en y faisant bouillir les cheveux dedans pendant cinq ou six minutes, mais les cendres sont préférables. On amollit donc plus ou moins les cheveux dans des cendres bouillantes, selon comme on les y laisse de temps. Pour une opération pareille, nous conseillons de retirer les cheveux du pot au bout de 5 ou 7 minutes, et de tirer sur un des cheveux pour savoir s'il a acquis de la souplesse et de l'élasticité, parce que, ainsi que nous l'avons dit, les cheveux doivent être plus ou moins amollis selon les sujets que l'on veut exécuter, et les cendres qui pourraient réduire les cheveux en pâte, si on les laissait trop longtemps, ne font que les amollir plus ou moins selon comme on les laisse bouillir. Nous ferons observer qu'en les retirant du pot, les cheveux doivent être passés à l'eau claire, afin de leur ôter la crasse des cendres, ou le gluant de l'alcali.

GOMMES, OUTILS ET ACCESSOIRES. (Voyez pl. 3).

Les gommes nécessaires dans les différents travaux de l'artiste sont au nombre de trois; il y a la gomme arabique, celle adragante, et la bandeauline au pépin de coing. On ajoute à la gomme arabique qui sert pour la majeure partie des ouvrages, un quart de partie de sucre candi, afin qu'elle soit moins cassante. La gomme adragante a une spécialité, on ne l'emploie que pour fixer les cheveux hachés dont on se sert pour faire les ombres et les lointains ; cette gomme étant très facile à se corrompre, nous conseillons de n'en jamais faire qu'en très petite quantité chaque fois que l'on s'en sert. La bandeauline de coing convient pour les sujets dont les cheveux ont été bien amollis et qui n'offrent aucune résistance, elle convient d'autant plus qu'elle les fixe très bien et qu'elle ne laisse pas sur les cheveux, comme la gomme arabique, cette croûte luisante qu'on est forcé d'enlever après coup.

Les outils de l'artiste sont : un pinceau à deux côtés, un pour l'eau et un pour la gomme, un long poinçon en acier pour lisser les cheveux, un scalpel ou grattoir, de petites pinces élastiques à ressort, de grands et de petits ciseaux bien pointus, une bouteille à gomme et une boîte à poudre, plus un morceau de glace ou verre épais de la grandeur de 25 centimètres carrés, de l'encre de Chine et des pains de couleurs assorties.

Les accessoires sont des morceaux d'ivoire, du papier *plure d'oignon*, ainsi que toutes sortes de dessins, chiffres, etc. Un artiste qui veut faire les choses en grand et avec perfection se fait établir des emporte-pièces et des gauffroirs pour l'exécution des feuillages et des fleurs.

Pour l'exécution des feuillages, maisons, tombeaux, parties pleines et même pour les pétales des fleurs, on doit se munir par avance d'un tissu que l'on découpe selon le cas. Ce tissu, c'est tout bonnement des cheveux collés sur du papier végétal très mince, mais dont il importe de bien connaître la confection. Voici ce que c'est : on prend (Voy. fig. A) une mèche de cheveux amollie moyennement par l'alcali, on la trempe dans de l'eau pure, puis on la lisse avec son poinçon sur le morceau de verre, jusqu'à ce qu'elle forme ruban, on la lisse, on la peigne bien des deux côtés, ensuite on coupe une bande de papier végétal plus large et plus longue que la mèche de cheveux ; on étend de la gomme arabique sur le milieu, mais non sur les bords de ladite bande; puis on pose sur la partie gommée le ruban de cheveux qu'on étend bien avec le lissoir. Dans cette opération, il devient quelquefois nécessaire d'humecter la surface des cheveux avec le pinceau. Les cheveux étant bien étendus et collés, on coupe de suite avec de grands ciseaux tout l'excédant du papier, on laisse sécher, et lorsqu'on veut découper des feuillages, des petits surtout, comme ceux de la figure A bis, on humecte légèrement le dessous et le dessus du tissu afin qu'il soit plus maniable.

Un autre accessoire qu'il faut avoir toujours par provision, c'est de la poudre de cheveux, chose qu'on obtient facilement avec une chevelure fine et hachée menue petit à petit par le bout, avec d'excellents ciseaux à lame longue (Voyez fig. B).

EXÉCUTION D'UNE FLEUR.

Pour exécuter une fleur, ou commence par disposer ses masses, c'est-à-dire par découper les tiges, les feuilles et les pétales, ayant soin toutefois de prendre son tissu dans le sens indiqué par les veines naturelles, chose importante, car s'il y a des feuillages qui souffrent d'être faits d'un seul morceau, comme les feuilles de la fleur : Aimez-moi (Voyez fig. C), et ceux de la fleur : Plus je vous vois, plus je vous aime ; (voyez fig. D) ainsi que celle de presque tous les arbustes; il en est aussi qui se composent de deux pièces, non compris la côte du milieu sur laquelle on rapporte les deux côtes. Ceci dit, nous renvoyons à nos modèles et à tous ceux que la nature offre pour la copie des sujets.

Pour l'exécution d'un sujet quelconque, il faut toujours se munir d'un modèle approprié à la grandeur du cadre que l'on est appelé à remplir et copier ce modèle avec la chevelure préparée selon les règles ci-dessus prescrites.

Les personnes qui ne connaissent point le dessin peuvent coller leur modèle sous la feuille d'ivoire afin de suivre avec plus de justesse, tous les contours de la fleur. Cette dernière rubrique s'applique à la formation des chiffres et des nœuds. On peut aussi employer ce moyen et même avec plus d'avantage pour la confection des paysages, temples et tombeaux, parce que ces derniers sujets exigeant presque toujours que l'on fasse un ciel, on les exécute sur du verre blanc, sous lequel on colle, après le sujet fini, un papier d'un blanc mat, sur lequel on a peint son ciel, ses nuages, et même quelquefois certains petits détails lointains faits avec de l'encre de Chine et de la poudre de cheveux (cheveux hachés). Nous ferons observer que lorsqu'un sujet est fini, il reste à couper avec un outil tranchant tous les excédants de cheveux, a le nettoyer au pinceau humide, à éclaircir le verre à l'eau chaude, et à couvrir de cheveux hachés avec de la gomme adragante, les parties du sujet dont on ne pourrait pas enlever le suisant de la gomme; la poudre, dans ce cas-là, se prend avec le pinceau humide et s'étend sur le sujet après toutefois l'avoir imprégné de gomme pour fixer ladite poudre.

EXÉCUTION DES CHIFFRES.

Pour faire un chiffre, on prend une mèche de cheveux bien amollie par les cendres, on la trempe dans de la gomme arabique, et on la porte sur l'ivoire ou le verre pour esquisser sa lettre au pinceau ; pour cela on a le modèle sous le transparent; ceci se fait avant de couper aucun excédant, puis on découpe des morceaux de cheveux de 2, 4, 8, 12 millimètres de longueur (Voyez fig. E); avec la pointe de son pinceau on ramasse et l'on porte lesdits morceaux de cheveux vers les chiffres pour former les pleins, une fois la lettre finie, on coupe les excédants avec l'outil tranchant, on éclaircit le verre, et il ne reste plus à donner qu'un coup de pinceau à l'eau claire, pour ôter les épaisseurs de gomme qui produisent toujours un mauvais effet. Dans l'exécution d'une fleur quelconque, c'est toujours ave le pinceau qu'on enlève les pétales et les feuilles, pour les mettre en place et les coller sur le fond de gomme.

TOMBEAUX, PALMES, GERBES ET BOUQUETS FRISÉS.
(V. planch. 4).

Pour l'exécution des palmes et gerbes on amollit faiblement le paquet de cheveux que l'on veut travailler, on le colle à leur base sur la table d'ivoire, puis on dirige les pointes, selon le goût, la grandeur du sujet et la longueur des cheveux. Les jetés se font avec un petit peigne ; on lisse les mèches avec un pinceau plat dit queue de morue. Nous ferons observer qu'une gerbe peut être composée de plusieurs masses appliquées les unes sur les autres, ainsi qu'a été exécutée celle de la pl. 4, fig. 4. Les bouquets frisés ne subissent point d'apprêts alcalins : on trempe la tête de son paquet dans de l'eau de gomme, on colle ledit sur le morceau d'ivoire et on frise les pointes avec un petit fer rond.

Nous ferons observer qu'avant de commencer un sujet quelconque, on doit découper son morceau d'ivoire de manière à ce qu'il puisse bien s'enchasser dans le cadre, car si on ne le coupait qu'après, cela pourrait tout gâter.

Dans l'exécution d'un tombeau avec paysage, on doit se munir de poudre de cheveux *coupassés*, pour faire le terrain et les lointains. Pour ce dernier objet, on a même souvent recours à l'encre de Chine, attendu qu'on peut la pâlir à volonté. Les parties pleines, telles que tombeaux et mausolées s'établissent avec des bandes de cheveux coupés aux ciseaux, et les grilles d'entourage se font avec des cheveux droits amollis. Quant aux arbres (Voyez fig. 1, pl. 3), on commence par esquisser le tronc et les branches principales, puis on les garnit de feuilles, qu'on enlève et que l'on fixe au moyen du petit pinceau dont nous avons déjà parlé à la confection des chiffres. Quant aux nuages et aux ciels, ils s'exécutent comme nous l'avons dit précédemment, et cela, au moyen d'un pinceau et de pains de couleurs, comme le font les artistes, mais nous recommandons de ne pas coller le fond, avant de s'être bien rendu compte de son effet avec le sujet.

FIN.

TABLE DES MATIÈRES

CONTENUES DANS LE CINQUIÈME ET DERNIER VOLUME.

Description de la planche aux tresses. . . . . . . 1, 2, 3, 4, 5, 6, 7, 8 et 9
Description de cinq coiffures. . . . . 10 et 13
Fabrication du tulle chevelu. . . . . 12 et 19
Histoire de la coiffure et du costume des Chinois. . 14, 15, 16, 17, 18 et 19
Histoire du costume et de la coiffure des Étrusques 20
    Id.   id.   id.   des Romains.. . . . 21, 22, 23, 24,
. . . . 25, 26, 27 et 28
Barbe des Romains 29
Histoire de la coiffure et du costume des Germains. . . . . . . 30 et 31
    Id.   id.   id.   des Gaulois. . . . . . 32, 33 et 34
Costumes français sous les rois de la première race. . . . . 35, 36 et 37
    Id.   id.   id.   deuxième race. . . . . 38, 39 et 40
    Id.   id. sous les Capétiens. . . . . 40, 41, 42 et 43
    Id.   id. de Philippe le Bel à Charles VII.. . . 44, 45, 46, 47 et 48
Implantation et coloration des bustes de cire. . . . . 49, 50, 51 et 52
Coiffure et costume des Français, de Charles VIII à François I. . 53, 54 et 55
Le coiffeur et le perruquier de l'ancien régime . . . . . . 56, 57 et 58
Coiffures et costumes des Français, d'Henri III à Henri IV de Bourbon. . 59
. . . . 60, 61 et 62
Coiffure et costume des Français sous Louis XIII. . . . 63, 64 et 65
    Id.   id.   id. sous Louis XIV. . . . . 66, 67. 68, et 69
    Id.   id.   id. sous Louis XV. . . . . . . , . 70 et 71
    Id.   id.   id. sous Louis XVI. . . . . 72, 73 et 74
    Id.   id.   id. de la République à l'Empire. 75, 76 77 et 78
    Id.   id.   id. de la Restauration à Louis-Philippe. 79, 80
. . . . 81, 82, 83, 84
La coiffure par rapport à l'âge. . . . . 85 et 86
Explicatiou linéaire ou définition des divers caractères de coiffure. 87, 88, 89
Le coiffeur et le perruquier de l'ancien régime (2° et dern. art.) 90, 91, 92, 93
L'artiste en cheveux, bagues, cordons, etc., etc. 94, 95, 96, 97, 98, 99, 100 et 101
Le perruquier de théâtres (perruques chauves). . . . . 102 et 103
L'artiste en cheveux, sujets allégoriques. . . . . . 104, 105, 106 et 107

FIN DU CINQUIÈME ET DERNIER VOLUME.

BIBLIOTHÈQUE ROYALE

IMPRIMERIE DE MOQUET ET COMP. RUE DE LA HARPE, 90.

www.ingramcontent.com/pod-product-compliance
Ingram Content Group UK Ltd.
Pitfield, Milton Keynes, MK11 3LW, UK
UKHW022347090726
13658UKWH00002B/520